周 期 表

10	11	12	13	14	15	16	17	18	族＼周期
								4.003 ₂He ヘリウム 気体	1
			10.81 ₅B ホウ素 固体	12.01 ₆C 炭素 固体	14.01 ₇N 窒素 気体	16.00 ₈O 酸素 気体	19.00 ₉F フッ素 気体	20.18 ₁₀Ne ネオン 気体	2
			26.98 ₁₃Al アルミニウム 固体	28.09 ₁₄Si ケイ素 固体	30.97 ₁₅P リン 固体	32.07 ₁₆S 硫黄 固体	35.45 ₁₇Cl 塩素 気体	39.95 ₁₈Ar アルゴン 気体	3
58.69 ₂₈Ni ニッケル 固体	63.55 ₂₉Cu 銅 固体	65.41 ₃₀Zn 亜鉛 固体	69.72 ₃₁Ga ガリウム 固体	72.64 ₃₂Ge ゲルマニウム 固体	74.92 ₃₃As ヒ素 固体	78.96 ₃₄Se セレン 固体	79.90 ₃₅Br 臭素 液体	83.80 ₃₆Kr クリプトン 気体	4
106.4 ₄₆Pd パラジウム 固体	107.9 ₄₇Ag 銀 固体	112.4 ₄₈Cd カドミウム 固体	114.8 ₄₉In インジウム 固体	118.7 ₅₀Sn スズ 固体	121.8 ₅₁Sb アンチモン 固体	127.6 ₅₂Te テルル 固体	126.9 ₅₃I ヨウ素 固体	131.3 ₅₄Xe キセノン 気体	5
195.1 ₇₈Pt 白金 固体	197.0 ₇₉Au 金 固体	200.6 ₈₀Hg 水銀 液体	204.4 ₈₁Tl タリウム 固体	207.2 ₈₂Pb 鉛 固体	209.0 ₈₃Bi ビスマス 固体	(210) ₈₄Po ポロニウム 固体	(210) ₈₅At アスタチン 固体	(222) ₈₆Rn ラドン 気体	6
(281) ₁₁₀Ds ダームスタチウム 固体	(280) ₁₁₁Rg レントゲニウム 固体								

□ 金属元素
▢ 非金属元素

| 152.0 ₆₃Eu ユウロピウム 固体 | 157.3 ₆₄Gd ガドリニウム 固体 | 158.9 ₆₅Tb テルビウム 固体 | 162.5 ₆₆Dy ジスプロシウム 固体 | 164.9 ₆₇Ho ホルミウム 固体 | 167.3 ₆₈Er エルビウム 固体 | 168.9 ₆₉Tm ツリウム 固体 | 173.0 ₇₀Yb イッテルビウム 固体 | 175.0 ₇₁Lu ルテチウム 固体 | ランタノイド |
| (243) ₉₅Am アメリシウム 固体 | (247) ₉₆Cm キュリウム 固体 | (247) ₉₇Bk バークリウム 固体 | (252) ₉₈Cf カリホルニウム 固体 | (252) ₉₉Es アインスタイニウム 固体 | (257) ₁₀₀Fm フェルミウム 固体 | (258) ₁₀₁Md メンデレビウム 固体 | (259) ₁₀₂No ノーベリウム 固体 | (262) ₁₀₃Lr ローレンシウム 固体 | アクチノイド |

JN296487

身近に学ぶ 化学の世界
Welcome to the World of Chemistry

宮澤三雄 [編著]

浅香征洋・荒木修喜・石川幸男・岡崎　渉・荻原和仁・奥野祥治・木田敏之・
澤邊昭義・柴田　攻・高橋是太郎・滝沢靖臣・玉城眞吉・中口　譲・長島史裕・
畠中　稔・廣瀬裕子・藤田　力・村井義洋・吉原伸敏 [著]

共立出版

編著者

宮澤 三雄　　奈良先端科学技術大学院大学 客員教授
　　　　　　近畿大学 名誉教授 工学博士

執筆者

浅香 征洋　　元 近畿大学 教授 理学博士
荒木 修喜　　名古屋工業大学 名誉教授 工学博士
石川 幸男　　東京大学大学院 農学生命科学研究科 教授 農学博士
岡崎 　渉　　東洋大学 名誉教授 工学博士
荻原 和仁　　琉球大学 理学部 海洋自然科学科 准教授 理学博士
奥野 祥治　　和歌山工業高等専門学校 物質工学科 准教授 博士（工学）
木田 敏之　　大阪大学大学院 工学研究科 教授 博士（工学）
澤邊 昭義　　近畿大学 農学部 応用生命化学科 准教授 工学博士
柴田 　攻　　長崎国際大学 薬学部 薬学科 教授 理学博士
高橋 是太郎　北海道大学大学院 水産科学研究院 教授 水産学博士
滝沢 靖臣　　東京学芸大学 名誉教授 理学博士
玉城 眞吉　　元 近畿大学 講師 工学修士
中口 　譲　　近畿大学 理工学部 理学科 教授 理学博士
長島 史裕　　第一薬科大学 薬学部 教授 薬学博士
畠中 　稔　　元 岩手医科大学 教授 薬学博士
廣瀬 裕子　　元 山梨大学 教授 博士（農学）
藤田 　力　　千葉大学 名誉教授 理学博士
丸本 真輔　　近畿大学 共同利用センター 講師 博士（工学）
村井 義洋　　近畿大学 准教授 薬学博士
吉原 伸敏　　東京学芸大学 教育学部 自然科学系 准教授 博士（理学）

執筆協力者

鹿島 悠生　　元 近畿大学大学院 総合理工学研究科 物質系工学専攻
坂田 一樹　　元 和歌山県立医科大学 医学部 博士（工学）
高橋 俊之　　元 近畿大学大学院 総合理工学研究科 東大阪モノづくり専攻
藤本 貴之　　元 近畿大学大学院 総合理工学研究科 物質系工学専攻

はじめに

Welcome to the world of chemistry ！！

　近頃，理工学系，生命科学系の大学に進学してくる学生が高校で化学を履修していないケースがあります．そのような場合，化学の基礎的な知識に乏しく，大学での教育に支障をきたしているといわれています．

　本書は，大学の理工系学部，農学系学部，薬学系学部，医療系学部，生活科学系学部など種々の理系学部の基礎化学のための，高校と大学のギャップを埋めるテキストとして作成しました．化学を初めて学ぶ学生に化学の楽しさや面白さを知ってもらうために，そして学生が最小限のエネルギーで最大の学習効果が上がるように，つまり cost performance が上がることを目的として，刊行しました．

　本書の特徴は，次のとおりです．
1. 本書は，大学学部の1セメスターを想定して，13回講義および演習用の構成にしています．
2. 高等学校で化学を十分に学習していない学生にも対処し，説明をできるだけわかりやすく，ていねいなものとしました．また，現代の学生の特徴（たとえば，文字離れ・劇画慣れ）にも配慮し，学生が学習に対して興味を増すことができるように，図表や挿し絵を多く挿入しています．
3. 各章の終わりに演習問題を配置しました．学生がそれぞれの講義内容を，そのつど再確認でき，理解度を高めることができるように工夫しました．このシステム，つまり，学生がつねに目標を立てて前進し，達成後は再度自己点検し，それを参考にさらに前進するという姿勢は，JABEEが定める日本技術者教育認定制度の精神に即し，一致するものです．

　本書を使用する学生が，化学の面白さを知り，化学の講義を毎回喜んで待ち望むようになってくれることを，心から望みます．

　また，本書執筆にあたり参考にさせていただいた書籍（巻末に記載）およびその著者諸賢に，その書名を挙げて感謝します．最後になりましたが，本書の出版にあたってお世話をしていただいた共立出版の寿 日出男氏および北 由美子氏に心から感謝を申し上げます．

　2009年8月

編著者　宮澤 三雄

目　　次

第 1 章　原子構造 ——————————————— 1
1.1　混合物・純物質　*1*
1.2　化合物・単体　*2*
1.3　同素体　*2*
1.4　原子の構造　*3*
1.5　同位体　*4*
演習問題　*5*

第 2 章　化学反応と物質量 ——————————— 7
2.1　化学反応式　*7*
2.2　化学反応の基礎法則　*8*
2.3　アボガドロ定数　*9*
演習問題　*11*

第 3 章　化学式 ———————————————— 13
3.1　イオン式　*13*
3.2　組成式　*14*
3.3　分子式　*15*
3.4　構造式　*16*
演習問題　*17*

第 4 章　構造式と原子軌道 —————————— 18
4.1　主量子数　*18*
4.2　副量子数　*19*
4.3　スピン量子数　*19*
4.4　磁気量子数　*19*
4.5　電子軌道の形　*20*
演習問題　*23*

第 5 章　原子の電子配置 ——————————— 24
5.1　電子殻および軌道のエネルギー図　*24*

5. 2　電子配置　*25*
　演習問題　*28*

第6章　化学結合 ─────────── *29*
　6. 1　共有結合　*30*
　6. 2　イオン結合・金属結合　*34*
　演習問題　*37*

第7章　反応速度 ─────────── *39*
　7. 1　反応速度・活性化エネルギー　*39*
　7. 2　触媒　*41*
　7. 3　化学平衡　*42*
　演習問題　*44*

第8章　酸と塩基 ─────────── *46*
　8. 1　中和反応　*48*
　8. 2　電離定数・電離平衡　*49*
　8. 3　水素イオン指数　*51*
　演習問題　*53*

第9章　酸化と還元 ─────────── *54*
　9. 1　酸化と還元の定義　*54*
　9. 2　酸化剤と還元剤　*56*
　9. 3　金属のイオン化傾向と標準電極電位　*57*
　9. 4　電池の原理　*59*
　演習問題　*60*

第10章　物質の三態 ─────────── *61*
　10. 1　物質の三態　*61*
　10. 2　固体の結晶構造　*62*
　10. 3　液体・溶液の特徴　*63*
　10. 4　理想気体と実在気体　*65*
　演習問題　*67*

第 11 章　有機化合物 — 70

11. 1　有機化合物の特徴　*70*
11. 2　有機化合物の分類　*70*
11. 3　芳香族化合物　*72*
11. 4　ベンゼンの置換反応　*72*
演習問題　*74*

第 12 章　高分子化合物 — 75

12. 1　高分子化合物の構造　*75*
12. 2　天然高分子化合物　*76*
12. 3　高分子と環境問題　*78*
演習問題　*79*

第 13 章　環境と化学 — 80

13. 1　環境と物質の循環　*80*
13. 2　大気・水・大地と化学　*81*
演習問題　*84*

演習問題の解答 — 85
参考資料 — 102
索引 — 103

◆ カバーの図 ◆

Helianthol A（ヘリアントール A）

カバー図は，編著者がキク科の植物，キクイモ（*Helianthus tuberosus*）の精油から発見した新規化合物であり，キクイモ特有の香りを醸しだすビサボラン型セスキテルペンアルコールで，Helianthol A と命名された分子の空間充填モデルである［Miyazawa, M. *et al.*：*Phytochemistry*, **22**, 1040, 1983］．

第 1 章

原子構造

　化学は，物質の性質と変化を研究する学問である．物質の性質を調べるには，さまざまな物質が混ざったものから純粋な物質を抽出する必要がある．そのような努力の積み重ねを経て，物質は何種類かの成分（元素）からできていることがわかり，その成分の具体的な姿は原子であることがわかった．

　さらに，原子は陽子，中性子，電子を構成成分とする粒子であることも判明し，それらの粒子の性質を研究することで，物質の性質に対する理解はさらに深まった．この章では，原子の構造について学び，物質を理解するための基礎を築いていく．

1.1　混合物・純物質

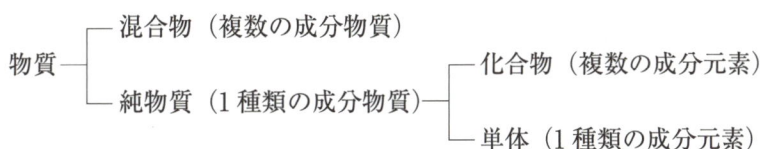

　自然界に存在する物質の多くは何種類かの成分がいろいろな割合で混ざりあったものであり，このような物質を**混合物**という．たとえば，空気は窒素や酸素などの成分物質の混合物であり，海水は塩化ナトリウムなどの成分物質が水に溶解した混合物である．この場合，水も成分物質の1つである．一方，窒素，酸素，塩化ナトリウム，水などは1種類の成分物質からできているので，**純物質**という．

混合物から純物質を取り出すことを**分離**といい，分離には蒸留，ろ過，昇華，抽出，再結晶，クロマトグラフィーなどがある．これらの分離方法は物理的性質のちがいを利用する方法である．以下，それぞれ簡単に説明していく．

蒸留は成分物質間の沸点の差を利用して，沸点の低いほうの物質を気体として取り出す方法である．この方法で，海水から純水を取り出すことができる．**ろ過**は液体と固体をこし分ける方法である．砂の混じった水から砂を取り除くときなどに使う．**昇華**は昇華性の有無を利用して，昇華性のある固体物質を気体として分離する方法である．昇華によって，砂の混じったヨウ素から純粋なヨウ素を得ることができる．**抽出**は特定の溶媒への溶解性の大小を利用して分離する方法である．紅茶の葉に熱湯を注ぎ，紅茶の成分を熱湯中に取り出すのが一つの例である．

再結晶は溶解度の温度変化の大きい固体物質を，温度操作によって溶液から析出分離する方法である．たとえば，不純物として塩化ナトリウムを含む硝酸カリウムを熱水に溶かし，その溶液を冷却すると硝酸カリウムの結晶のみが得られる．**クロマトグラフィー**は特定の物質に対する吸着性の大小を利用して，その特定物質中に混合物溶液を一定方向へ流すことで分離する方法である．サインペンの黒インクをろ紙につけ，展開溶媒をろ紙上の一定方向に流すとインクの成分色素が分離される．

1.2 化合物・単体

純物質をさらに詳しく調べると，電気分解などの化学的方法で 2 種類以上の成分に分解できる塩化ナトリウムや水など（**化合物**）と，2 種類以上の成分（元素）に分解できない窒素や酸素など（**単体**）に分類することができる．

1.3 同素体

同一の元素からできていても性質が異なる単体が存在する場合がある．たとえば，黒鉛，ダイヤモンド，フラーレンはいずれも炭素という元素からできている物質であるが，性質が違う．こういう関係を互いに**同素体**であるという（表 1.1）．

表1.1 同素体の具体例

元素	同素体	色	分子式（分子の場合）
C	ダイヤモンド	無色	
	黒鉛	灰黒	
	フラーレン		C_{60}
O	酸素	無色	O_2
	オゾン	淡青	O_3
P	黄リン	淡黄	P_4
	赤リン	赤褐	
S	斜方硫黄	黄	S_8
	単斜硫黄	淡黄	S_8
	ゴム状硫黄	濃褐	

1.4 原子の構造

原子の中心には正の電荷を帯びた**原子核**があり，その周りを負の電荷を帯びた数個の**電子**が，原子核の正電気に引かれながら運動している．原子核は原子の大きさの10万分の1の大きさの微粒子であるが，それはさらに数個の**陽子**（プロトン）と**中性子**とからできている．原子核に含まれる陽子の数を原子番号といい，原子核に含まれる陽子と中性子の数の和を**質量数**という．原子を構成するのは3つの基本的粒子，すなわち陽子と中性子と電子からなることが知られている．例として，He原子の構造を図1.1に示す．原子の大きさは元素によって異なるが，直径が1億分の1cm程度である（図1.2）.

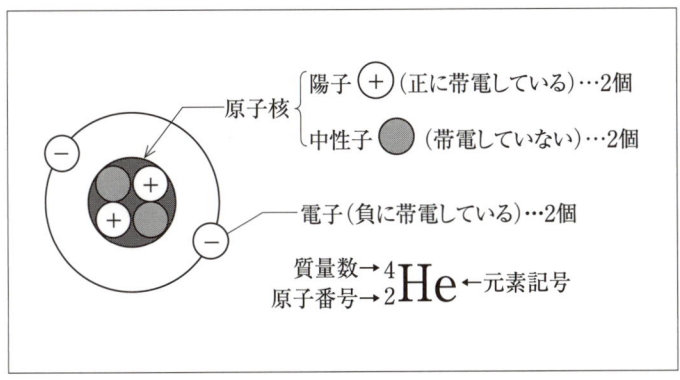

図1.1 He原子の構造

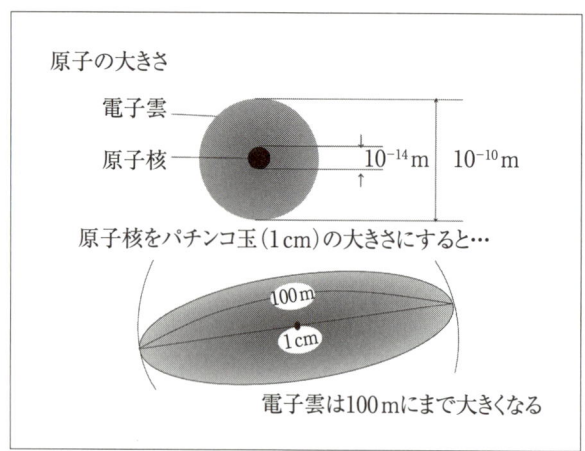

図1.2 原子および原子核の大きさ

1.5 同位体

同位体とは「同じ原子番号(すなわち,同じ陽子数,電子数)をもつが,質量数が異なる原子を互いに**同位体**という」と定義される.

水素原子を例に考えてみる.水素には同位体が3種類あり,それぞれの陽子数,中性子数,電子数を表1.2に示す.重水素と三重水素の質量数が,水素のそれぞれ2倍,3倍になっているのは,中性子の数が増えているためであることがわかる.ヘリウム(He)の同位体も表1.2に示した.なお,それぞれの同位体は陽子と電子の数が等しいので,化学的な性質はほぼ同じと考えてもよい.

表1.2 水素およびヘリウムの同位体

	陽子	中性子	電子
$^1_1$H(水素)	1	0	1
$^2_1$H(重水素)	1	1	1
$^3_1$H(三重水素)	1	2	1
$^3_2$He(ヘリウム)	2	1	2
$^4_2$He(ヘリウム)	2	2	2

第 1 章　演習問題

1. 次の語句を説明せよ．
   ① 原子
   ② 質量数
   ③ 単体
   ④ 同位体
   ⑤ 同素体
   ⑥ 化合物

2. 同素体の具体例を 2 つ述べよ．

3. 次の①〜⑩の物質を，単体，化合物および混合物に分類し，単体と化合物についてはその成分元素を記せ．
   ① 海水　　② ダイヤモンド　　③ アンモニア　　④ オゾン　　⑤ 塩酸
   ⑥ 酸素　　⑦ ドライアイス　　⑧ 黒鉛　　　　⑨ 水　　　⑩ 空気

4. 次の文章にある①〜⑦の中に当てはまる適当な語句をそれぞれ記入せよ．
   原子の中心には（①）の電気を帯びた原子核があり，その周りを（②）の電荷を帯びたいくつかの（③）がとりまいている．原子核は（④）と（⑤）からできていて，両者の数の和は（⑥）数とよばれ，④の数は（⑦）とよばれる．

5. 塩素は自然界において質量数 35 と 37 の同位体が存在する．これをふまえて，次の問に答えよ．
   ① 自然界に存在する 2 種の塩素同位体の各原子に含まれる陽子数，中性子数および電子数はそれぞれいくつか．
   ② 塩素の分子は塩素原子 2 個からなる．塩素分子について，考えられる原子の組合せをすべて示せ．
   ③ 自然界にある塩素の原子量が 35.5 であるとすれば，同位体 ^{35}Cl の存在比は何％か．有効数字 2 けたで答えよ．

6. 次の①〜④の記述について正しければ○，間違っていれば×を記せ．
   ① ^{2}H と ^{3}H は互いに同位体である．
   ② ^{35}Cl と ^{37}Cl は同一元素に属するが，異なる核種である．
   ③ CO_2 と CO は互いに同素体である．

④ ダイヤモンドは炭素の単体であるが，フラーレンは化合物である．

7. リチウム（Li）には $^6_3$Li と $^7_3$Li の2種類の同位体がある．それぞれに含まれる陽子，中性子および電子の数を求めよ．

8. 次の核種のうち，原子核に含まれる中性子数が同じものを選べ．
① ^{29}Si, ^{30}Si, ^{31}P, ^{32}P, ^{32}S, ^{34}S
② ^{38}Ar, ^{39}Ar, ^{39}K, ^{40}K, ^{40}Ca, ^{42}Ca

第2章

化学反応と物質量

　青色と黄色の絵の具を混ぜると，その割合によって，さまざまな緑の絵の具が得られる．ところが，化学反応はこの絵の具の混合とはまったく異なる性質をもっている．化学反応の大きな特徴の一つは，反応する物質の量が必ず一定の比になることである．たとえば，2種の物質（反応物という）が反応して，新たな物質（生成物という）を生成するとき，決して，反応するすべての物質が生成物になるのではない．反応物のどちらかが多すぎる場合には，未反応のまま残ってしまう．このような，それぞれの化学反応における固有の量的関係を決めているのが，原子や分子の存在とその構成，さらには反応の形式である．この章では，化学反応式の書き方を通して，化学反応における量的性質について学ぶ．

2.1　化学反応式

　化学反応では，原子間の結合の組換えが生じるだけで，反応前後において原子は消滅も生成もしない．たとえば，水素 H_2 と酸素 O_2 が反応して水 H_2O が生じるときの原子間の結合の組換えを**化学反応式**で表すと次のようになる．

$$2H_2 + O_2 \longrightarrow 2H_2O$$

　ここで，水素分子 H_2 の前についている 2 を係数といい，水素分子が 2 個あることを表している．したがってこの反応式は，水素分子 2 個と酸素分子 1 個が反応して水分子が 2 個生じることを示している（図 2.1）．

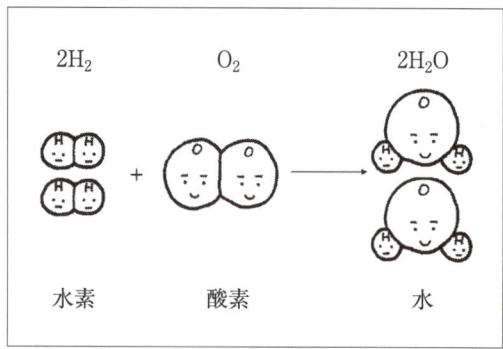

図 2.1 水分子が化学反応でできる様子

2.2 化学反応の基礎法則

質量保存則

化学変化では，反応によって消費される反応物の質量の総和と，生じる生成物の質量の総和は互いに等しい．このことは，化学変化に関与する各元素の原子の総数が，化学反応式の左辺と右辺で変化しないことから明らかであり，**質量保存則**を表している．これはラボアジエが 1774 年に提唱したものである．

定比例の法則

1 つの化合物を構成する成分元素の質量比は，作り方によらず常に一定である．これはプルーストが 1799 年に提唱した**定比例の法則**である．たとえば，水を構成する酸素と水素の質量比は，常に酸素：水素 = 8.000：1.008 である．混合物では，酸素と水素の混合気体を考えると，成分元素の質量の比は一定ではなく，混合の割合によって変化する．

気体反応の法則

気体どうしの化学反応では，反応に関与する気体の体積の比は，同温・同圧のもとで簡単な整数比になる．これを**気体反応の法則**といい，ゲイリュサックが 1808 年に発見したものである．たとえば，酸素と水素が反応して水が生じるとき，反応で消費される酸素および水素の体積と，反応で生じる水をすべて水蒸気にしたときの体積の比は同温・同圧のもとで 1：2：2 になる．

アボガドロの法則

アボガドロは，気体反応の法則を説明するために，気体を作る粒子は，原子の場合だけ

でなく，いくつかの原子が一定の割合で結びついてできる粒子の場合もあると考えなければならないことを示した．これを分子とよび，同温・同圧のもとでは，気体の種類に関係なく，同体積の気体には同数の分子が含まれる，という**アボガドロの法則**を 1811 年に提唱した．

倍数比例の法則

ドルトンは 18 世紀終わりから 19 世紀にかけて明らかになった，質量保存の法則，定比例の法則などを合理的に説明するために原子説を提唱した．また，この原子説に基づき 1803 年に，「2 種類の元素から 2 種類以上の化合物ができるとき，一方の元素の一定質量と化合するもう一方の元素の質量比は，簡単な整数比になる」という**倍数比例の法則**を提唱した．

2.3　アボガドロ定数

物質を構成する基本粒子の大きさや質量は非常に小さいため，普通の物質中に含まれる基本粒子の数は莫大な大きさになって取り扱いがむずかしい．そこで，構成粒子の個数で物質の量を表すための基準として，国際的取り決めにより，次に示す国際単位系（SI）が使用されている（表 2.1）．

表 2.1　物理量と国際単位系

物理量	国際単位系
体積	m^3
質量	kg
物質量 （粒子数）	mol （モル）

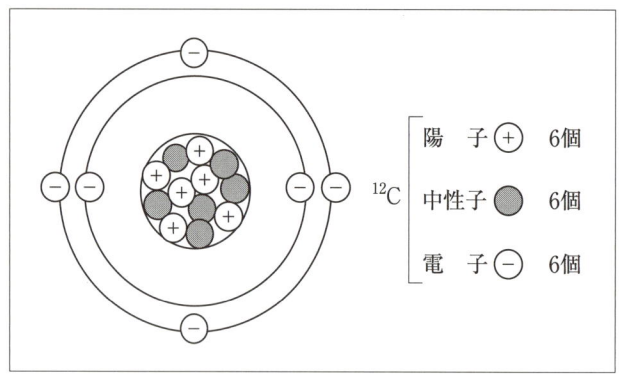

図 2.2 基準となる ^{12}C 原子モデル

「炭素の同位体 ^{12}C の 12 g 中に含まれる ^{12}C 原子の数を粒子数の基準とし（図 2.2），これと同じ数の単位粒子数を 1 モル（単位記号 mol）とする．」

この単位で表した物質の量を物質量という．物質量を用いるときは，単位粒子の種類をはっきりさせる必要があるが，単位粒子が明らかなときは省略することが多い．たとえば，炭素 1 mol といえば，単位粒子は炭素原子であり，酸素 1 mol といえば，単位粒子は酸素分子である．上の定義から，物質 1 mol あたりの単位粒子数は，つねに等しい．この数を**アボガドロ定数**といい，N_A で表す．その値は $N_A = 6.02 \times 10^{23}$/mol である．

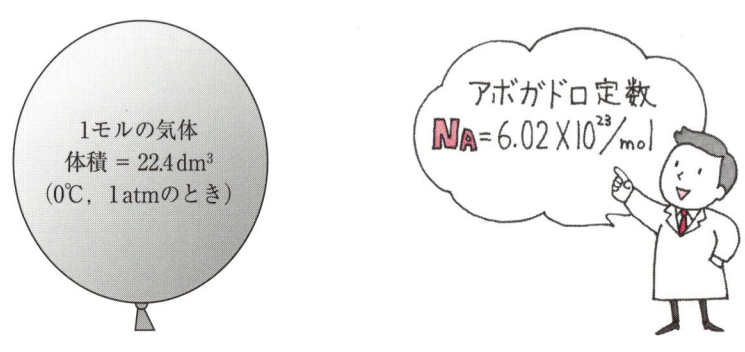

第2章　演習問題

1. 次の各問に答えよ．ただし，原子量は H＝1.0, N＝14 とし，アボガドロ定数は 6.02×10^{23}/mol とする．
   ① アンモニア分子1個の質量を求めよ．
   ② ナトリウム原子1個の質量は，3.8×10^{-23} g である．ナトリウムの原子量を求めよ．
   ③ アンモニアに含まれる窒素の質量パーセントを求めよ．

2. 次の①〜⑤は，化学の基礎法則について述べたものである．該当する基本法則の名称を解答群Ⅰ，提唱者の名前を解答群Ⅱからそれぞれ選べ．
   ① 窒素28gと水素6gとが過不足なく反応して生じるアンモニアの質量は34gである．
   ② 窒素と水素が反応してアンモニアを生成するとき，反応物と生成物の各気体の同温・同圧での体積の比は，1：3：2である．
   ③ 一酸化窒素 NO と二酸化窒素 NO_2 において，窒素14gと化合する酸素の質量はそれぞれ16gと32gであり，その比は1：2である．
   ④ アンモニアを構成する窒素と水素の質量の比は，製造過程や原料によらず，必ず14：3である．
   ⑤ 窒素がある温度・圧力である体積を占めているとする．これと同じ温度・圧力で水素が占めている体積がその2倍であるとき，水素分子の数は窒素分子の数の2倍である．

   解答群Ⅰ：(A) 質量保存の法則，(B) 気体反応の法則，(C) 倍数比例の法則，
   　　　　 (D) 定比例の法則，(E) アボガドロの法則
   解答群Ⅱ：(a) ラボアジエ，(b) ゲイリュサック，(c) ドルトン，(d) プルースト，
   　　　　 (e) アボガドロ

3. アセチレン（C_2H_2）を完全燃焼させると非常に高い温度になるため，アセチレンは溶接に利用されている．ある温度・圧力のアセチレンが 1.0 dm^3 あるとする．これと同温・同圧の酸素 10 dm^3 を混合してアセチレンを完全燃焼させた．次の問に答えよ．
   ① 完全燃焼の反応式を示せ．
   ② この温度・圧力で測って O_2 は何 dm^3 残ったか．
   ③ 同じく CO_2 は何 dm^3 生成したか．
   ④ 生じた水はすべて液体とすると，この温度・圧力での燃焼後の混合気体の体積は何 dm^3 か．

4. 濃硫酸 H_2SO_4 は密度が $1.8\,g/cm^3$，濃度が 98% の水溶液である．次の問に答えよ．ただし，分子量は $H_2SO_4 = 98$ を用いよ．
   ① 濃硫酸のモル濃度を求めよ．
   ② 濃度 $0.10\,mol/dm^3$ の希硫酸 $500\,cm^3$ をつくるには濃硫酸が何 cm^3 必要か．

5. $0.5\,mol/dm^3$ の水素が $4\,dm^3$ ある．このとき，水素の物質量は何 mol か．また，水素の質量は何 g か．ただし，水素原子の原子量は 1 とせよ．

6. 次の反応において，$2.8\,g$ の窒素を用いたところ，反応が進行し，窒素は全量消費された．次の各問に答えよ．

$$N_2 + 3H_2 \longrightarrow 2NH_3$$

   ① 用いた窒素の体積は標準状態（$0℃$，$1.013 \times 10^5\,Pa$）で何 dm^3 か．
   ② 反応した水素の質量は何 g か．
   ③ 生成したアンモニアの質量は何 g か．
   ④ 生成したアンモニアの体積は標準状態（$0℃$，$1.013 \times 10^5\,Pa$）で何 dm^3 か．
   ⑤ 反応に用いた水素の体積が標準状態で $10\,dm^3$ であったとすると，反応後に何 dm^3 残っているか．

第3章

化学式

　物質の基本的な構成物質を元素という．化合物は2種類以上の元素からできている物質である．現在では109種類の元素が確認されており，それぞれに元素記号がついている．この元素記号を用いて物質を表したものが化学式である．本章ではこの化学式の書き方について学ぶ．

3.1　イオン式

　塩化ナトリウム（食塩）を水に溶かすと，その水溶液は電気をよく通すようになる．このように，水に溶かしたときに電気をよく通す物質は，正または負の電荷をもった粒子を構成成分としている．その電荷をもった粒子をイオンといい，正の電荷をもったイオンを**陽イオン**，負の電荷をもったイオンを**陰イオン**という．

　原子は負の電荷を帯びた電子をもっていることは第1章でも述べたとおりである．したがって，原子から電子がとれると正の電荷を帯びる．これが陽イオンであり，とれた電子の個数と＋の記号を組み合わせて Na^+，Ca^{2+}，Al^{3+} のように表し，それぞれナトリウムイオン，カルシウムイオン，アルミニウムイオンのように，"**イオン**"をつけてよぶ（図3.1）．

　逆に，原子に電子が加わると負の電荷を帯びる．これが陰イオンであり，原子が得た電子の個数と－の記号を組み合わせて Cl^-，O^{2-} のように表し，**塩化物イオン**，**酸化物イオン**のように語尾を「～化物イオン」あるいは「～酸イオン」に変えてよぶ（図3.2）．

　なくしたり得たりした電子の個数を価数といい，カルシウムイオン Ca^{2+} は2価の陽イオン，酸化物イオン O^{2-} は2価の陰イオンである．このように，元素記号と授受した電子の個数を用いてイオンを表す化学式を**イオン式**という．また，硫酸イオン SO_4^{2-} や炭酸イ

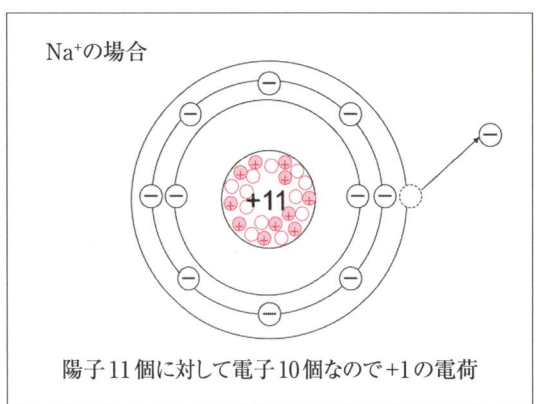

図 3.1 ナトリウムイオン

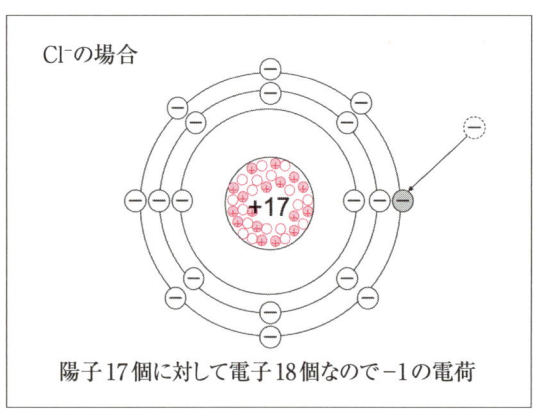

図 3.2 塩化物イオン

オン CO_3^{2-} のように複数の原子が集まってイオンになる場合もあり，このようなイオンを多原子イオンという．

3.2 組成式

　塩化ナトリウムの結晶は Na^+ と Cl^- が規則的に配列して結びついてできている．このような固体を**イオン結晶**といい，分子のように少数の原子が1つの粒子を構成するのではなく，たくさんの原子が集まって1つの粒子を構成する（図3.3）．イオン結晶では，陽イオンと陰イオンとの電荷の総量が等しく，全体の電荷は0である．このように，分子をつくらずにイオン結晶をつくる物質については，陽イオンと陰イオンの数がもっとも簡単な比になるような化学式でその物質を表す．このような化学式を**組成式**という．

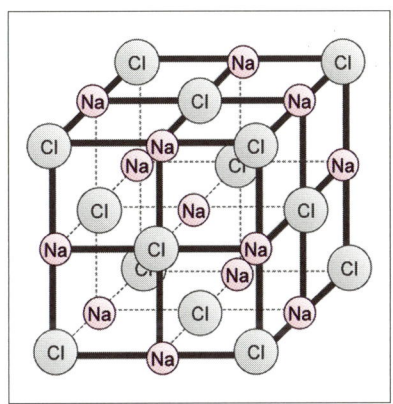

図3.3 塩化ナトリウム結晶

3.3 分子式

酸素，水素，水，二酸化炭素などの物質は，いくつかの原子が結びついた粒子がその物質としての性質を示す最小単位となっている．このような粒子を**分子**という．

酸素分子は酸素原子が2個結びついた分子なので，O_2という記号で表す．水素分子は同様に，H_2のように表す．水分子は酸素原子1個と水素原子2個が結びついており，H_2O，二酸化炭素分子は炭素原子1個と酸素原子2個が結びついているので，CO_2と表す．このように分子を元素記号で表した化学式を**分子式**という（表3.1, 図3.4）．

表3.1 化学式の種類

組成式	物質を構成する	元素（原子）の種類 原子の数の比	元素記号 下付きの数字
分子式	分子を構成する	原子の種類 原子の数	元素記号 下付きの数字
構造式	分子の中での原子の結合順序		元素記号 価標
投影式	分子の中での原子の立体的配列（位置関係）		

	酢酸	グリコールアルデヒド
組成式	CH$_2$O	CH$_2$O
分子式	C$_2$H$_4$O$_2$	C$_2$H$_4$O$_2$
構造式	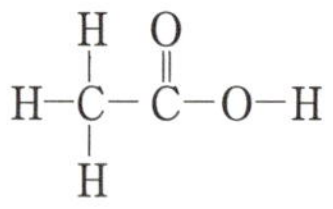 H–C(H)(H)–C(=O)–O–H	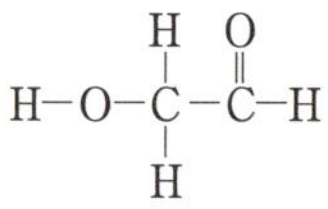 H–O–C(H)(H)–C(=O)–H

図3.4 酢酸とグリコールアルデヒドの組成式，分子式，構造式

3.4 構造式

　1組の共有電子対を1本の線で表すと，原子間にできる**共有結合**の様子を知るのに便利である．このように共有結合を表す線を**価標**という．**単結合**の価標は1本，**二重結合**の価標は2本，**三重結合**の価標は3本である．価標を用いて分子内の結合状態を表した化学式を**構造式**という．

光学異性体

　立体構造において**光学異性体**（**鏡像異性体**）は互いに右手と左手のような関係にある．分子とその鏡像とは付いている置換基が同じでも，右手と左手のように実際に異なっている．光学異性体が存在するには不斉炭素原子が必要である．不斉炭素原子とは4つの違った置換基を持つ炭素原子のことを言う．図3.5にアラニンの例を示した．これは，模型であろうと紙の上の図であろうと，どう動かしても結合を切らないかぎり鏡像と同じにはならない．すなわち重ね合わせることができない．

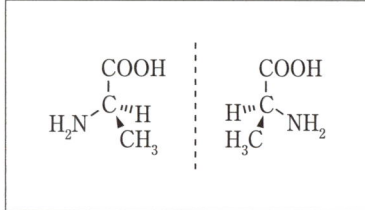

図3.5 アラニンの鏡像異性体

第3章　演習問題

1. 次の語句を説明せよ．
   ① 組成式
   ② 分子式
   ③ 構造式

2. 下の表の (a) ～ (j) の化学式を答えよ．

化合物	エタン	エチレン	アセチレン	メタノール	酢酸
分子式	C_2H_6	C_2H_4	C_2H_2	CH_4O	$C_2H_4O_2$
組成式	(a)	(b)	(c)	(d)	(e)
構造式	(f)	(g)	(h)	(i)	(j)

3. 乳酸 CH_3–$\underline{C}H(OH)$–$COOH$ について以下の問に答えよ．
   ① 下線を引いた C のように，互いに異なる 4 個の原子または原子団と結合している炭素原子をなんというか．
   ② 乳酸の光学異性体を描け．

4. 次の陽イオンと陰イオンの組合せでできる，すべてのイオン結晶の組成式を示し，その名称を答えよ．
   陽イオン：Ca^{2+}，Al^{3+}
   陰イオン：OH^-，SO_4^{2-}，PO_4^{3-}

5. 過酸化水素を，①組成式，②分子式，③構造式で書け．

第4章

構造式と原子軌道

K，L，M，…で表される電子殻（主殻）は，1種類以上の副殻から構成され，さらに副殻には，s，p，d，…など，その種類に応じて1個以上の「軌道」が存在する．これらの副殻に存在する「軌道」は，電子がある曲線を描きながら運動することを表しているわけではなく，通常用いられる軌道とは異なった意味で用いられる．電子の「軌道」とは，電子が存在することができる空間の領域（分布）を表している．本章ではその意味と特徴を理解する．

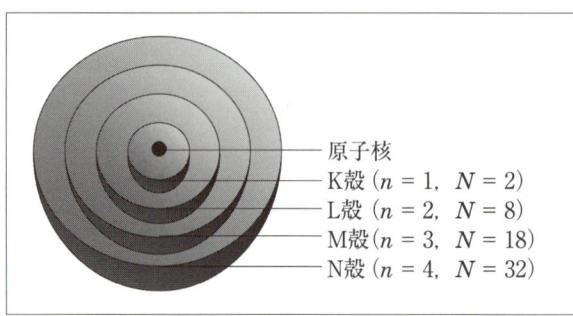

図 4.1 層をなす電子殻

4.1 主量子数

ボーアの原子モデルのそれぞれの軌道に割り当てられた**量子数**が主量子数 n である．原子核にもっとも近い**軌道**を $n = 1$ として，順に $n = 2, 3, 4, \cdots$ のように正の整数値で示す．また，$n = 1, 2, 3, 4$ を，それぞれ K，L，M，N殻ともよぶ（図 4.1）．それぞれの殻に入ることのできる電子の数は決まっている．言い換えると，同じ**主量子数**をもつ電子の数には制限があり，それぞれの殻に入る電子の最大数（N）は $2n^2$ で表される．

4.2 副量子数

先に述べた主量子数で表される原子殻はさまざまな軌道が集まったものであり，その殻の中には多くの軌道が含まれる（表4.1）．そこで，それぞれの殻を構成している軌道を分類するのに**副量子数** l が用いられる．副量子数で示される軌道には**円軌道**だけではなく**楕円軌道**もあるので，**方位量子数**ともよばれる．それぞれの n の値に対して l の値には上限があり，l は $n-1$ の値までしかとることができない（例えば，$n=1$ の時は $l=0$，$n=2$ のときは $l=0, 1$ の値をとる）．また，$l=0, 1, 2, 3$ をそれぞれ s, p, d, f 軌道とよぶ．

4.3 スピン量子数

パウリは電子配置を考えるうえで，次のような規則を提案した．
「1つの原子の中で，任意の2つの電子が，量子数のすべてについて一致した値をもつことはできない．」
これを**パウリの排他原理**といい，この原理を適用するために「**電子スピン**」の概念が導入された．すなわち，電子は自身の軸のまわりで**回転運動**（歳差運動）をしており，それには右向きと左向きの回転があると考えた．この回転の向きを**スピン量子数**という．2種類のスピンは上向きと下向きの矢印で表される．

4.4 磁気量子数

たとえば，主量子数が $n=2$ のとき，その殻には8個の電子が収容可能であることは先に説明した．この8個の電子のうち，2個は2s軌道に，6個は2p軌道に収容される．ところが，パウリの排他原理により，6個の電子が異なった量子数をもつには2p軌道をさらに細分化する必要がある．

ここで，2p軌道を3つに分け，そのそれぞれに異なったスピン量子数をもつ2つの電子が収容されれば，パウリの排他原理に触れることはない．このように，副量子数で表される軌道をさらに細分化するのに使われるのが**磁気量子数** m であり，m の値はそれぞれの l の値に対して $-l, -l+1, \cdots, 0, 1, \cdots, l$ の値をとることができる．例えば，$l=0$ のとき，$m=0$，$l=1$ のとき $m=-1, 0, 1$ の値をとることができる．m の値は方向の異なった軌道が何種類存在しているかを表している．たとえば，2p軌道は $2p_x, 2p_y, 2p_z$ の3つに分けることができる．3p軌道も，4p軌道も，同様に3つに分ける．そして d 軌道は

第 4 章 構造式と原子軌道

表 4.1 原子の電子軌道と電子配置

周期	Z	元素	K 1s	L 2s	L 2p	M 3s	M 3p	M 3d	N 4s	N 4p	N 4d	N 4f	O 5s	O 5p	O 5d	O 5f
第1周期	1	H	1													
	2	He	2													
第2周期	3	Li	2	1												
	4	Be	2	2												
	5	B	2	2	1											
	6	C	2	2	2											
	7	N	2	2	3											
	8	O	2	2	4											
	9	F	2	2	5											
	10	Ne	2	2	6											
第3周期	11	Na	2	2	6	1										
	12	Mg				2										
	13	Al				2	1									
	14	Si		10		2	2									
	15	P				2	3									
	16	S				2	4									
	17	Cl				2	5									
	18	Ar				2	6									
第4周期	19	K		18					1							
	20	Ca							2							
	21	Sc						1	2							
	22	Ti						2	2							
	23	V						3	2							
	24	Cr						5	1							
	25	Mn		18				5	2							
	26	Fe						6	2							
	27	Co						7	2							
	28	Ni						8	2							
	29	Cu						10	1							
	30	Zn							2							
	31	Ga							2	1						
	32	Ge							2	2						
	33	As				28			2	3						
	34	Se							2	4						
	35	Br							2	5						
	36	Kr							2	6						
第5周期	37	Rb				36							1			
	38	Sr											2			
	39	Y									1		2			
	40	Zr									2		2			
	41	Nd									4		1			
	42	Mo				36					5		1			
	43	Tc									5		2			
	44	Ru									7		1			
	45	Rh									8		1			
	46	Pd									10					
	47	Ag	2	2	6	2	6	10	2	6	10		1			
	48	Cd											2			
	49	In					46						2	1		
	50	Sn											2	2		

4.5 電子軌道の形

 この**電子軌道**にはいろいろなタイプがあり，タイプによって部屋の形，つまり，電子が動く領域が異なる．ここで，代表的な軌道であるs軌道，p軌道，d軌道の形を見てみると，s軌道の形は球体である（図4.2）．p軌道は鉄アレイのような形で，いつも3個で1セッ

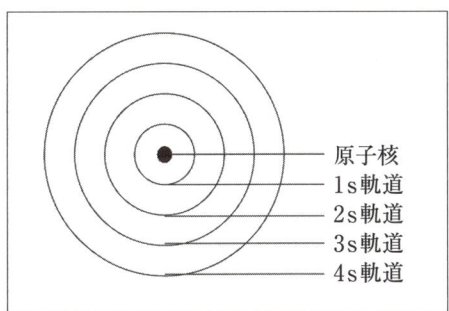

図4.2　s軌道の分布図

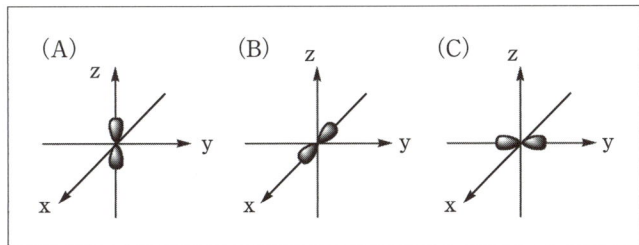

図4.3　p軌道の形：(A) p_z，(B) p_x，(C) p_y

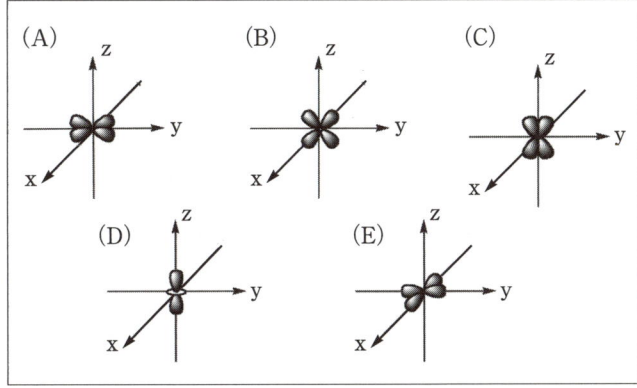

図4.4　d軌道の形：(A) d_{xy}，(B) d_{yz}，(C) d_{xz}，(D) d_{z^2}，(E) $d_{x^2-y^2}$

トである（図 4.3）．d 軌道はより複雑な形をしており，5 個で 1 セットとなっている（図 4.4）．s 軌道，p 軌道，d 軌道の名前は，光の分析実験の結果から名づけられたという歴史的な意味がある．

電子殻

さらに，電子軌道の集まりとして**電子殻**を考えることができ，この電子殻には，原子核に近いほうから，K 殻，L 殻，M 殻，N 殻，…と名前がついている．

原子核にもっとも近い K 殻は 1s 軌道という軌道だけからなっており，L 殻は 2s 軌道と 2p 軌道 3 個から構成されている．M 殻は 3s 軌道と 3p 軌道 3 個と 3d 軌道 5 個から構成されている．s，p，d の前にある 1，2，3 という数字は，内側から何番目の電子殻を構成しているかを表している．K 殻なら 1 を，L 殻なら 2 を，M 殻なら 3 をそれぞれあてる．

第4章　演習問題

1. 次の語句を説明せよ．
    ① 主量子数
    ② 副量子数
    ③ 磁気量子数
    ④ スピン量子数

2. 主量子数 n が 5 のとき，他の量子数がとることのできる値を示せ．

3. 次の原子軌道 a) 1s, b) 6s, c) 2p, d) 3d, e) 4f について以下の問に答えよ．
    ① 各原子軌道の主量子数と副量子数をそれぞれ示せ．
    ② 各原子軌道に収容される電子の個数の最大値を示せ．

4. 主量子数 2 の L 殻について以下の問に答えよ．
    ① 何種類の副量子数の軌道が属しているか．
    ② また，それぞれの方位量子数に対して何種類の磁気量子数の軌道が属しているか．
    ③ L 殻には全体として何個の電子が入りうるか．

5. 主量子数が 5 となる原子軌道をすべて述べよ．

6. 次の原子軌道の形をそれぞれ模式的に示せ．
    ① 1s
    ② $2p_x$
    ③ $2p_y$
    ④ $2p_z$

第 5 章

原子の電子配置

電子の分布はどのようになっているのか．原子核の周りをただ好き勝手に動き回っているだけなのか．原子には，電子がその状態に応じて入る部屋のようなものが存在する．この部屋は電子軌道とよばれており，電子はこの軌道の中を動き回っている．この章では，原子の周りの電子配置について学ぶ．

5.1　電子殻および軌道のエネルギー図

電子殻のエネルギー図

原子殻中の陽子は正電荷をもっていて，負電荷をもつ電子を引きつけている．電荷間の距離が小さいほどクーロン力が大きいので，内側の電子殻にある電子ほど原子核に強く引きつけられて，安定な状態になる．この安定な状態はエネルギーの低い状態ともいえる．

エネルギーの大小関係を表した図をエネルギー図といい，電子殻のエネルギー図を見てみると，内側の電子殻にある電子ほど安定な状態，つまりエネルギーの低い状態にあるので，エネルギー図は図 5.1 のようになる．

電子軌道のエネルギー図

電子殻は電子軌道の集まりであり，実際に電子が入るのは電子軌道である．この電子軌道には，s，p，d などいろいろなものがあるが，それぞれの軌道どうしのエネルギー関係について見ていく．

1s 軌道と 2s 軌道といった同じタイプの軌道であれば，内側の電子殻を構成する軌道のほうがもちろんエネルギーが低い状態となる．では次に，3s 軌道と 3p 軌道と 3d 軌道のように，同じ電子殻を構成する異なったタイプの軌道を比べてみる．

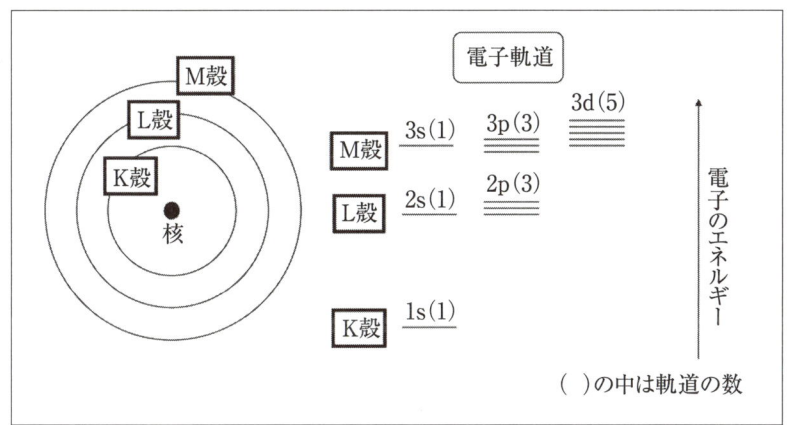

図 5.1　原子の電子殻と電子軌道

　ここでもう一度，軌道のタイプの図を見てみると，s，p，d の 3 タイプの中で，電子が原子核の近くに存在する可能性が一番高いのは s 軌道である．これに対して，p 軌道や d 軌道では，原子核のところが節になっていて，電子が存在する確立が低い．とくに，d 軌道は，図からはわかりにくいが，原子核から離れた場所にしか存在領域がないため，電子が原子核の近くに存在する可能性が一番低い．
　したがって，d, p, s の順に，エネルギーの高い不安定な状態の軌道であることがわかる．

5.2　電子配置

　ある原子中の電子がどのように電子軌道に入っているのかを，その原子の**電子配置**という．電子は，どのような順番で電子軌道に入っていくのか．
　安定な状態とは，エネルギーの低い状態であり，通常の条件下では，原子はもちろん安定な状態を好むため，エネルギーの低い軌道から優先的に電子が入っていくことになる．つまり，1s 軌道から電子は入っていく．
　しかし，各軌道には定員があり，1 つの軌道には 2 個までしか電子が入れないため，ほかの電子もすべて 1s 軌道に入れるわけではない．したがって，1s 軌道には 2 個の電子が入ると，次の電子は 2s 軌道に配置されることになる．
　なぜ定員があるかを知るには，電子や原子などのふるまいについてくわしく解明されている量子力学という物理学を学ぶ必要があるが，ここでは，各軌道の定員が 2 個であることが理論的にも解明されているということを知っておけばよい．
　次に，各原子の**電子配置**を考えてみる．エネルギー図を見ながら，エネルギーの低いほ

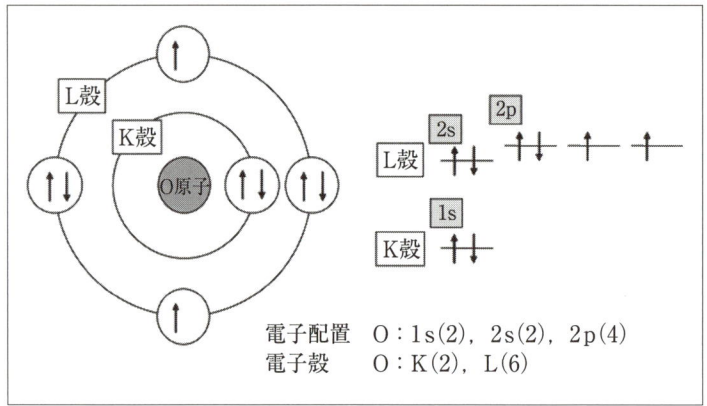

図 5.2　酸素の電子配置

うから順に電子軌道に電子を入れていく．酸素原子 O について見てみると，各原子は**原子番号**と同数の電子をもっているので，原子番号が 8 である O 原子は 8 個の電子をもっている．そのうち，まず，1s 軌道に 2 個の電子が入る．これで，1s 軌道は満員になり，次の 2 個の電子は，2s 軌道に入る．あと 4 個は次にエネルギーの低い 2p 軌道に入る．2p 軌道はいつも 3 個で 1 セットなので，2 × 3 = 6 個の電子が入れることになる．このとき，電子はできるだけ異なった部屋に入っていく．これは，電子が**負電荷**をもっているため電子どうしで反発するので，できるだけ違う部屋にいたほうが，安定な状態となるからである．

以上の要素をまとめて，酸素原子の電子配置は図 5.2 のように書く．（ ）内の数字は入っている電子の数を表し，電子殻を基準とした表記に従うと，このようになる．

各原子の電子配置も同様に考えることができる．

周期表

メンデレーエフは，**元素を原子量**（原子の重さ）の順に並べると性質の似た元素が周期的に現れることを発見し，1869 年に**周期表**を発表した．現在の周期表は，元素を原子番号の順に並べてつくられている．表 5.1 は，周期表の一部である．この周期表の凹凸は，**電子配置**と密接な関係がある．

それぞれの原子の電子軌道のなかで，電子が入っているもっともエネルギーの高い軌道を周期表に書き込んでいく．そうすると，表 5.1 のように周期表が s ブロック，p ブロック，d ブロックに分けられることがわかる．このように，周期表は現代的な観点から見ると，電子配置を表している表ともいえる（表 5.1）．

表 5.1 周期表における高エネルギー軌道分布

周期＼族	1	2	3	4	5	6	7	8	9	10	11	12	13	14	15	16	17	18
1	1s																	1s
2	2s	2s											2p	2p	2p	2p	2p	2p
3	3s	3s											3p	3p	3p	3p	3p	3p
4	4s	4s	3d	3d	3d	3d	3d	3d	3d	3d	3d	3d	4p	4p	4p	4p	4p	4p

sブロック　　　　　dブロック　　　　　　　　　　　　pブロック

表 5.2 第 4 周期までの最外殻電子と価電子

周期＼族	1	2	3	4	5	6	7	8	9	10	11	12	13	14	15	16	17	18
1	H																	He
2	Li	Be											B	C	N	O	F	Ne
3	Na	Mg											Al	Si	P	S	Cl	Ar
4	K	Ca	Sc	Ti	V	Cr	Mn	Fe	Co	Ni	Cu	Zn	Ga	Ge	As	Se	Br	Kr
最外殻電子：	1	2	2	2	2	1	2	2	2	2	1	2	3	4	5	6	7	8
価電子：	1	2										2	3	4	5	6	7	0

(He は 2)

(18 族の価電子は 0 とする)

価電子

　周期表は，電子配置と密接な関係があった．また，周期表上で縦に並んでいる**同族元素**の性質は非常によく似ていることが知られている．このことから，原子の性質は電子配置と関係しており，同族元素の電子配置に共通する特徴がとくに重要な要因であると考えられている．

　それでは，同族元素の原子に共通する電子配置の特徴を見てみる．具体的に，周期表にある 1 族と 17 族の元素の電子配置は，同族の原子では最外殻，つまりもっとも外側にある電子殻に属する電子数が同じである．そして，この**最外殻電子数**が同じ原子どうしは性質が似ている．このように，**最外殻電子**は電子の性質を決定づける大切な電子であり，**価電子**とよばれ，原子の性質は価電子数によって決まっているといえる（表 5.2）．

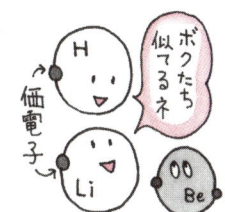

第5章　演習問題

1. 次の語句を説明せよ．
   ① パウリの排他原理
   ② フントの規則

2. 次の元素の電子配置を記せ．
   [例]　$_8\mathrm{O}: 1s^2\ 2s^2\ 2p^4$
   ① $_{10}\mathrm{Ne}$
   ② $_{16}\mathrm{S}$
   ③ $_{20}\mathrm{Ca}$
   ④ $_{24}\mathrm{Cr}$
   ⑤ $_{12}\mathrm{Mg}$
   ⑥ $_{27}\mathrm{Co}$
   ⑦ $_{53}\mathrm{I}$

3. 次の元素の電子配置と不対電子数を記せ．
   ① $_8\mathrm{O}$
   ② $_{10}\mathrm{Ne}$
   ③ $_{16}\mathrm{S}$
   ④ $_{20}\mathrm{Ca}$

4. 例にならって，原子番号7の窒素原子についてスピンも含めたすべての電子の軌道占有状態を示せ．

   [例]　$_5\mathrm{B}$　2p　↑— — —
   　　　　　　2s　↑↓
   　　　　　　1s　↑↓

5. Ni の電子配置は $(\mathrm{Ar})3d^8 4s^2$ である．Ni の次の元素である Cu の電子配置が $(\mathrm{Ar})3d^{10}4s^1$ であることを説明せよ．

第6章 化学結合

　結合には多くの種類がある．まず，結合には原子間にはたらくものと，分子間にはたらくものがある．原子間の結合としては，イオン結合，金属結合，共有結合がある．また，分子間の結合は，原子間の結合に比べて弱い結合であり，分子間力といわれることもある．分子間力には，水分子を引き寄せ合って氷にするような結合である水素結合や，すべての分子間にはたらくファンデルワールス力などがある（表6.1，図6.1）．なかでも，化学結合として重要なものは共有結合である．本章では，この化学結合について理解する．

表6.1　結合の種類

種類				例
原子間結合	イオン結合			NaCl
	金属結合			Fe, Cu, Au
	共有結合	σ結合	単結合	H−H
		π結合	二重結合	O=O
			三重結合	N≡N
分子間結合	水素結合			$H_2O \cdots H_2O$
	ファンデルワールス力			$Ar \cdots Ar$

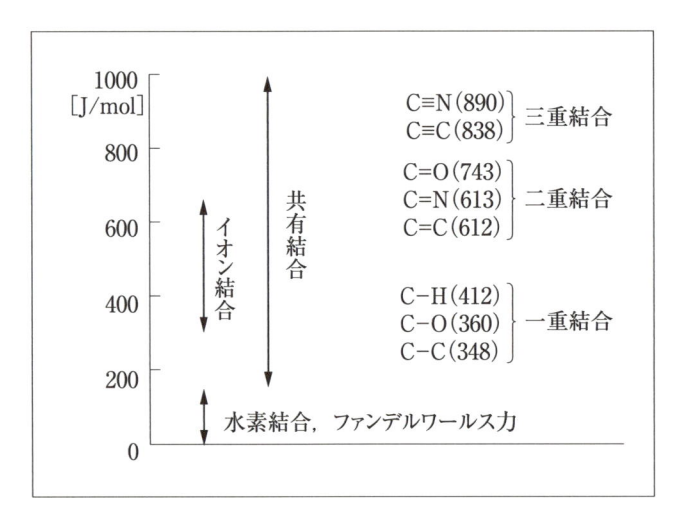

図 6.1　結合力の強さ

6.1 共有結合

　共有結合は原子間の化学結合の基本となるものである．水素原子を例にとって説明しよう．2つの水素原子はそれぞれ**不対電子**をもっており，互いに近づいたとき，これら2つの不対電子が互いに重なりあって1つの軌道を形成し，2個の不対電子はその中に入って双方の原子に共有された状態となる．このとき双方の**電子雲**の密度が2つの原子の中間部で濃くなる．すなわち，両原子の電子の存在確率は結合の中央部に寄ってくる．そしてもともと一緒にいた原子核の**陽電荷**のみならず，結合相手の原子核の陽電荷によっても静電気的引力を受け，単独の場合よりもそのエネルギーが低くなり，より安定になる．結果として原子全体のエネルギーは低くなり，結合状態になる．こうして生じた結合を**共有結合**とよぶ．

　この理論によれば，**化学結合**といっても何か特殊な力があるわけではない．2つの原子を結合させる力は，やはり双方の原子核と電子の間の**静電気力**なのである．ただ共有結合の場合は，電子雲が少し変形して，結合の中心に寄ってくるために，静電気力が増し，結合にいたる．この結果，両原子の全体のエネルギーは遠く離れた位置から近づくにつれて少しずつ低下し，極小点に達する．そこを過ぎると，原子核どうしの静電気反発がほかの項を圧倒して大きくなり，エネルギーは急速に増大する．こうして，全エネルギーは図6.2の曲線 a のようになる．

　一方，ヘリウム原子では，2個の電子が対をつくっている**電子対軌道**しかないので，ほかの原子が近づいてきたとき，その原子の電子はこの電子対軌道に近づくことは許されない．

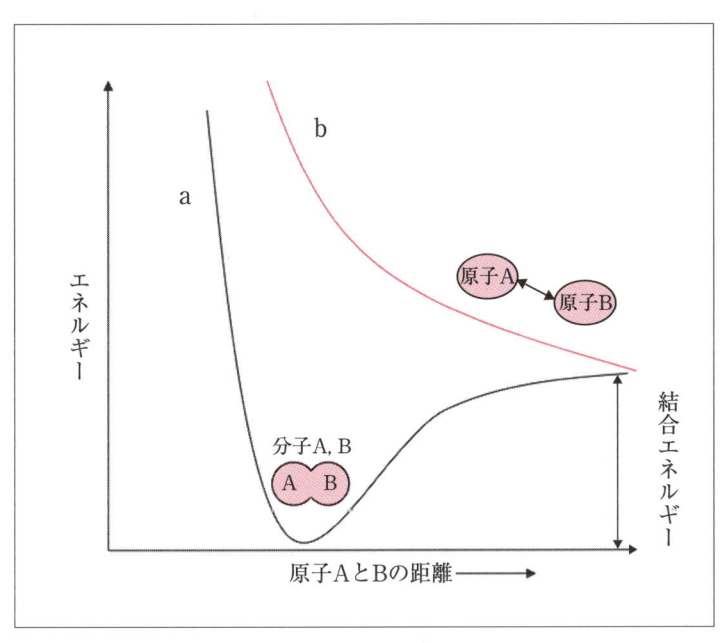

図 6.2 原子 A, B が接近して共有結合を作るときのエネルギー変化
a：共有結合するとき，b：不対電子をもたないとき．
（イメージ図）

したがってこの場合，共有結合はできず，両原子の電子雲は互いに反発しあい，原子核の陽電荷の反発のみが強くなり，原子全体も互いに反発する．そのとき，原子間の距離に対するエネルギーの関係は，図 6.2 の曲線 b で示すように，距離が近づくほどエネルギーが高くなる．2 つの原子が互いに不対電子をもっているときにのみ結合が生じるということは，こうして説明される．これまで述べてきたことは，一般の原子間共有結合についてもあてはまる．すなわち，ある原子のもつ不対電子軌道がほかの原子の**不対電子軌道**との間の重なりを生じ，**静電気引力**を増加するはたらきをして共有結合を行う．

水素とヘリウム以外の原子は**内殻電子**をもっているが，内殻電子は**外殻電子**に比べるとずっと原子核に近く引きつけられており，原子間の結合には関与しない．

ここで，化学結合に関するもっとも大事な基本原理について述べることができる．それは次のように表される．

原子が他の原子と結合するには，双方の原子がともに不対電子軌道をもつ場合に限る．複数の不対電子軌道をもつ原子では，それぞれの軌道で他の複数の原子と結合することが可能である．つまり，不対電子軌道の数が，その原子が結合をもちうる数（原子価）になる．

混成軌道

ベリリウムは O, N 原子などと化合物をつくるし, ホウ素は 3 価, 炭素は 4 価であることもよく知られている. これに対しポーリングは, 混成軌道という考え方をもち込み説明した. それによると, $2p_x$, $2p_y$, $2p_z$ の 3 軌道と 2s 軌道とを合わせて計 4 個が混成され, 結果として放射状に突き出た新しい 4 個の軌道を形成することが数学的に証明されている. これを sp^3 混成軌道という (図 6.3).

> エネルギーが高くなった！

単独の原子の場合では 2s より 2p 軌道のほうがエネルギーが高いので, できるだけ 2s 軌道に電子を入れたほうが安定になる. sp^3 混成軌道に電子を入れると, 1 部の電子が s 軌道から p 軌道へ上げられることになり, そのぶんだけエネルギーが高くなる. しかし, 多くの化学結合ができるので, そうしたほうが最終的にエネルギーが安定になるから, 自然はそのように行動する. すなわち, ベリリウム原子の 2 個の電子はこれらの**混成軌道** 2 つにそれぞれ 1 個ずつ入り, 不対電子の入った軌道が 2 つできるから, 化学結合が 2 つできると考えられる. 事実, 一例をあげれば BeH_2 という分子式では, 直線の分子ができることがわかっている. このとき, 残る 2 つの軌道は空いたままである. 同じくホウ素は 3 個の混成軌道に電子が 1 つずつ入り, 3 個の不対電子を生じるので, 原子価は 3 となる. 1 つの軌道が空いたままである. これも BH_3 という三角錐形の分子が知られている. さらに, 炭素原子では 4 個の不対電子をもつことになり, その軌道は炭素原子を中心に置く四面体の頂点の方向にのびる. 事実, メタン CH_4 は 4 個の水素と共有結合して, 正四面体の構造をとる (図 6.4). 炭素原子を 2 つもつエタン C_2H_6 では, 炭素-炭素間の結合は自由回転ができる (図 6.5). 第 2 周期の原子としては, C の原子価が最大の 4 となる.

酸素分子 O_2 が酸素原子の 2 つの結合の手を使って二重結合となる. このとき O 原子の 2 個の不対電子軌道が, もう 1 つの O 原子の 2 個の不対電子軌道とそれぞれ重なり合って 2 つの共有結合をつくる.

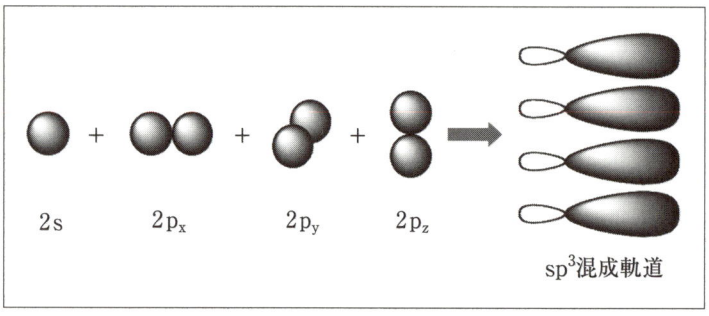

図 6.3 sp^3 混成軌道の生成

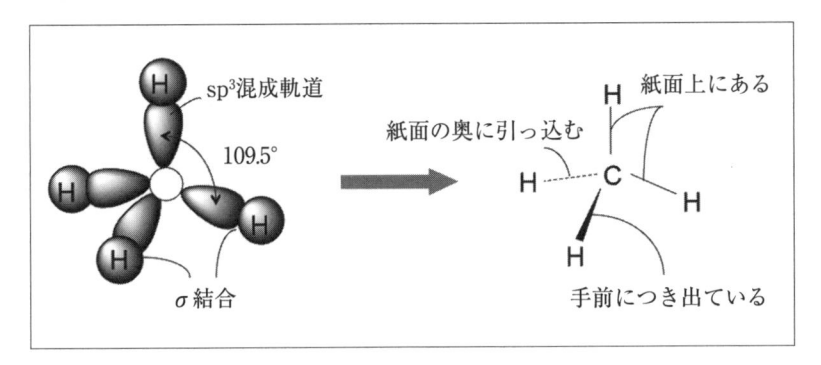

図 6.4 メタンの構造

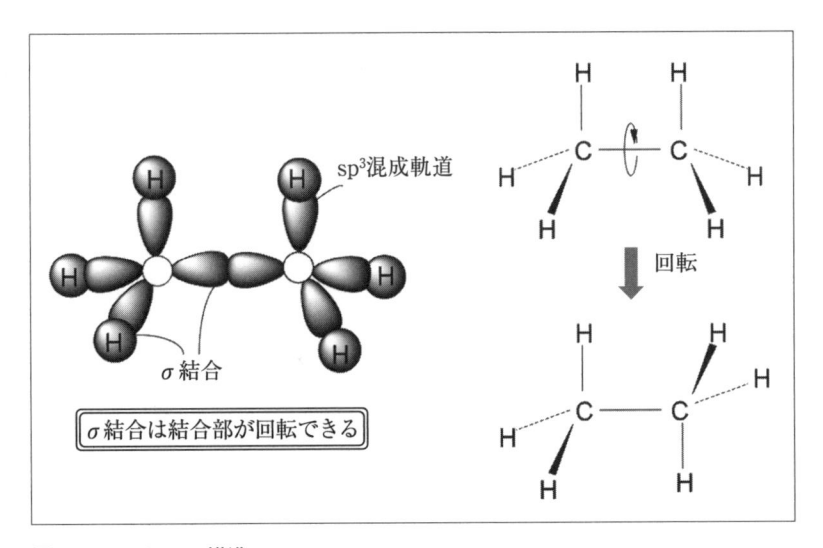

図 6.5 エタンの構造

　原子価が 3 以上の原子では**三重結合**をつくることができる．しかし，炭素原子は 4 価だが，**四重結合**はできない．そのわけは，炭素原子の 4 個の L 殻電子軌道をどのように混成しても，1 つは結合する原子の反対の方向を向いてしまうためと説明される．

　二重結合では，元来，2 個の原子と結合する能力があるのに，1 個の原子としか結合していないので，**不飽和結合**ともいう．たとえば酸素分子の場合，これに水素を反応させると，水素原子が 2 個結合できる．このような反応を水素の付加反応という．この場合，O 原子の二重結合の 1 つが切れて結合の手が新たに 2 つでき，水素分子も結合が切れて自由な水素原子になり，互いに結合すると考えられる．

6.2 イオン結合・金属結合

イオン化エネルギー

原子から電子を取り去るには，くっついているものを引き離さなければならないので，外部からエネルギーを加える必要がある．ここで，基底状態の原子から電子1個を取り去るのに必要なエネルギーを**イオン化エネルギー**という．

周期律の一例として，イオン化エネルギーのデータを考察してみると，各原子のイオン化エネルギーのデータは図6.6のグラフのようになっている．

イオン化エネルギーのグラフを検討すると，大まかな傾向として，同族元素では周期律で下にいくほど値が小さくなり，同周期元素では周期表で右にいくほど値が大きくなることがわかる．周期律は電子配置によって理解できたから，イオン化エネルギーの周期性についても電子配置の観点から理解できる（図6.6）．

まず，周期表で下にいくほどイオン化エネルギーが小さい理由は，取り去るべき最外殻電子と原子核との距離が大きくなるためと考えられる．距離が大きくなると，**クーロン力**が小さくなるので，簡単に電子を取り去ることができる．

一方，周期表で右にいくほどイオン化エネルギーが大きいのは，原子核中の陽子数が増加するため，取り去るべき最外殻電子と原子核との間のクーロン力が大きくなるためと考えられる．

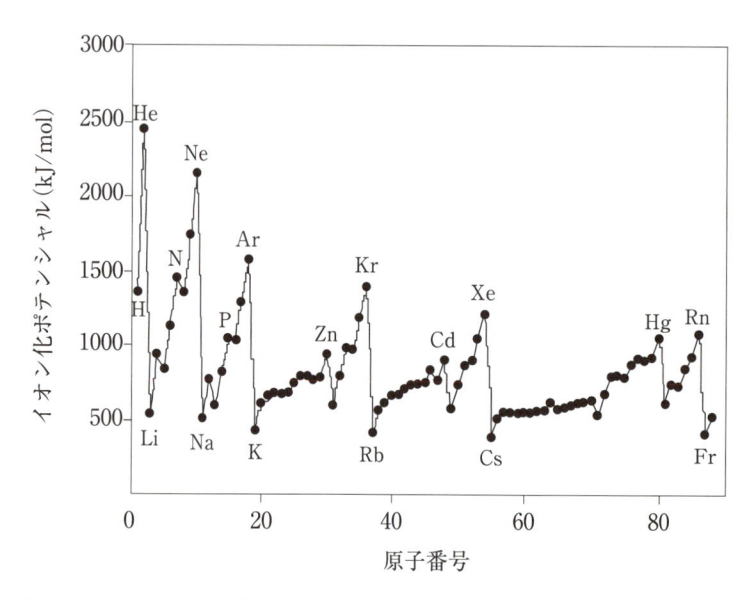

図6.6 原子のイオン化エネルギー

金属と非金属

周期表には，**金属元素**と**非金属元素**の境界線がある．非金属元素は周期表の右上の部分にあって，イオン化エネルギーの大きい元素である．マイナスの電荷を帯びている電子をなかなか放さないことから，陰性の元素であるという表現もする．逆に，金属元素はイオン化エネルギーの小さい元素で，陽性の元素である．

電気陰性度

結合状態の原子が**共有電子対**をみずからの方向へ引き寄せる強さを数値で表したものが**電気陰性度**で，この値は各元素によって異なる．もちろん，電子を引きつけやすい陰性元素ほど，電気陰性度の値は大きくなり，周期表では右上の元素ほど値が大きくなる（表6.2）．

非金属元素の電気陰性度は一般に大きいので，非金属原子間に存在する電子は原子に強く束縛され，共有電子対としてその場にとどまることになる．この結合が共有結合である．

これに対して，金属元素の電気陰性度は一般に小さいので，金

表6.2 ポーリングの電気陰性度

周期＼族	1	2	3	4	5	6	7	8	9	10	11	12	13	14	15	16	17
1	H 2.1																
2	Li 1.0	Be 1.5											B 2.0	C 2.5	N 3.0	O 3.5	F 4.0
3	Na 0.9	Mg 1.2											Al 1.5	Si 1.8	P 2.1	S 2.5	Cl 3.0
4	K 0.8	Ca 1.0	Sc 1.3	Ti 1.5	V 1.6	Cr 1.6	Mn 1.5	Fe 1.8	Co 1.8	Ni 1.8	Cu 1.9	Zn 1.6	Ga 1.6	Ge 1.8	As 2.0	Se 2.4	Br 2.8
5	Rb 0.8	Sr 1.0	Y 1.2	Zr 1.4	Nb 1.6	Mo 1.8	Tc 1.9	Ru 2.2	Rh 2.2	Pd 2.2	Ag 1.9	Cd 1.7	In 1.7	Sn 1.8	Sb 1.9	Te 2.1	I 2.5
6	Cs 0.7	Ba 0.9		Hf 1.3	Ta 1.5	W 1.7	Re 1.9	Os 2.2	Ir 2.2	Pt 2.2	Au 2.4	Hg 1.9	Tl 1.8	Pb 1.8	Bi 1.8	Po 2.0	At 2.2
7	Fr 0.7	Ra 0.9															

属原子間に存在する電子はあまり束縛を受けずに自由に動き回る．この動き回る電子を**自由電子**という．自由電子を放出した金属原子は陽イオンになるから，これら陽イオンが自由電子をみんなで共有して結合する．この結合を**金属結合**という．

また，非金属原子と金属原子が結合しようとすると，非金属元素は金属元素よりもかなり電気陰性度が大きいので，共有した電子は極端に非金属原子のほうに偏り，その結果，非金属原子が電子を完全に取り込んで陰イオンになる．相手の金属原子は陽イオンになり，このようにしてできた陽イオンと陰イオンの間にはクーロン力がはたらき，互いに結合する．このような結合を**イオン結合**という．

第6章 演習問題

1. 次の語句を説明せよ.
   ① イオン結合
   ② 共有結合
   ③ 金属結合
   ④ 分極

2. 2つの原子が下図のように近づいて分子軌道を形成するものとする. ただし, 下図では黒丸の位置に原子核があるものとする. a) p_y 軌道と p_y 軌道, および b) p_x 軌道と p_x 軌道からなる原子軌道の組合せによって形成される分子軌道に関する以下の問に答えよ.

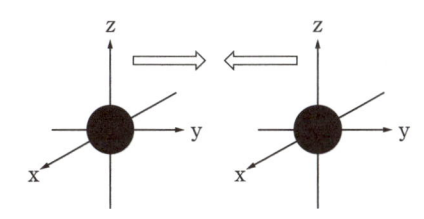

   ① a) および b) の組合せのそれぞれによって形成される結合軌道の形を立体的に図示せよ.
   ② ①で答えた結合軌道による結合はそれぞれなんとよばれるか.

3. 炭素原子の sp, sp^2, sp^3 混成軌道に関する以下の問に答えよ.
   ① 縦軸をエネルギーとして, 孤立した炭素原子の原子軌道のエネルギー準位を描け.
   ② ①で描いた図と同様に, sp, sp^2, sp^3 混成軌道をそれぞれ形成したのちの炭素原子の電子軌道のエネルギー準位を描け.
   ③ sp, sp^2, sp^3 混成軌道は, それぞれ何個の軌道から成り立っているか.

4. ポーリングにより電気陰性度は次のように定義された.
   $$|X_A - X_B| = [1/96.485\,(D_{AB} - 1/2 D_{AA} - 1/2 D_{BB})]^{1/2}$$
   この定義に基づき, H と F から HF が生成するとき, H の電気陰性度を求めよ.
   ただし, F の電気陰性度は 4.00 ($X_F = 4.00$), また, それぞれの結合エネルギーは, $D_{H_2} = 436\,\mathrm{kJ\,mol^{-1}}$, $D_{F_2} = 156\,\mathrm{kJ\,mol^{-1}}$, $D_{HF} = 563\,\mathrm{kJ\,mol^{-1}}$ であり, $\sqrt{2.77} = 1.66$ とする. なお, $X_H < 4$ とする.

5. 次の①～④の結合をσ結合とπ結合に分類せよ．
   ① 結合軸と垂直の方向での軌道の重なりによってできる共有結合．
   ② 2つの軌道が結合軸にそって重なり合ってできる結合．
   ③ 軌道の重なりが小さいため弱い結合．
   ④ 軌道の融合が大きく強い結合

6. 原子Aと原子Bが化学結合を形成して1つの分子ABを形成するものとする．どのような場合にイオン結合性が高くなり，またどのような場合に共有結合性が高くなるかを説明せよ．

7. LiHの分子にみられる結合のイオン性を求めよ．ただし，電子1個の電荷を 1.602×10^{-19} C，原子間距離を 1.60×10^{-10} m，実測による双極子モーメントの値を 1.964×10^{-29} Cm とする．

8. 次に示すイオンのイオン化ポテンシャルの大きさから，イオンの大きさの順番を求めよ．
   Na^+: 47.29 eV, Al^{3+}: 119.96 eV, Mg^{2+}: 80.12 eV

9. 下に－で示した結合の電子はどちら側の原子に偏るか答えよ．
   ［例］　$\overset{\delta^+}{H} — \overset{\delta^-}{Cl}$
   (a) H–F　　　　(b) H_3C–OH　　　(c) H–NH_2
   (d) $(CH_3)_2$C＝O　(e) CH_3O–H

10. 分子の結合角について次の問に答えよ．
    ① 炭素原子の sp, sp^2, sp^3 混成軌道それぞれにおいて，混成軌道間のなす角度を図示せよ．
    ② 原子価結合理論では，H_2O 分子における O 原子，NH_3 分子における N 原子は，ともに sp^3 混成軌道を形成すると解釈される．したがって，H–O–H 角，H–N–H 角は 109.5° となることが予想される．しかしながら，実在の H_2O 分子，NH_3 分子における H–O–H 角，H–N–H 角は，それぞれ 104.5°，107.5° であって，109.5° よりも小さい．この理由について説明せよ．

第 7 章

反応速度

化学反応を学ぶうえで避けては通れないのが，この反応速度である．本章ではこの反応速度について理解する．

7.1 反応速度・活性化エネルギー

水素 H_2 と酸素 O_2 から水が生成する反応は，**ポテンシャルエネルギー**が大きく減少する反応で，自発的に起きる反応である．

$$2H_2 + O_2 \longrightarrow 2H_2O$$

しかし，H_2 と O_2 を混合しただけでは反応は起きない．プロパンガス C_3H_8 と酸素 O_2 の反応であるプロパンの**燃焼反応**も同じで，たしかに点火すると激しく燃え上がるが，ただ混合しただけでは反応は進まない．

$$C_3H_8 + 5O_2 \longrightarrow 3CO_2 + 4H_2O$$

このように，反応がどれだけ速く進行するかという**反応速度**の問題は，反応が進行する方向の問題とは別の問題である．自発的に変化する反応すべてがすぐに起きるわけではなく，また，同じ反応であっても条件によって反応速度は異なる．反応速度を考えるには，反応の途中過程において何が起きているのかを知らなければならない．

水素 H_2 とヨウ素 I_2 からヨウ化水素 HI が生成する反応を考えてみると，次式のようになる．

$$H_2 + I_2 \longrightarrow 2HI$$

まず，反応物の H_2 と I_2 が出会って衝突が起き，衝突した H_2 と I_2 は，くっついて不安定な**中間体**を形成する．この**反応中間体**を**活性化**

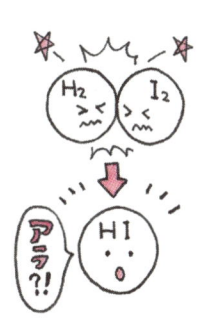

状態といい,反応過程では,この活性化状態という不安定な状態を経由する.

活性化状態は非常に不安定な状態なので,一瞬のうちに壊れてしまう.これが壊れるとき,元の反応物に戻ってしまうものもあるが,いくらかは新たにH原子とI原子が結合してHI分子になる.この反応の経過におけるポテンシャルエネルギーの変化をエネルギー図で表すと図7.1のようになる.活性化状態は一瞬にして壊れる非常に不安定な状態であり,ポテンシャルエネルギーは大きくなっている.

図からわかるように,反応が進行するためには,反応物がエネルギーの山を登って活性化状態にたどりつかねばならなく,このエネルギーの山の高さを**活性化エネルギー**という.

活性化エネルギーというポテンシャルエネルギーの山を反応物が登りきるためには,それに必要な**運動エネルギー**を反応前にもちあわせていることが必要である.ゆっくりと転がっているボールが高い山を登れないのと同じで,活性化エネルギー以上の運動エネルギーをもつ粒子だけが,反応する可能性がある.

反応が起きるためには,まず反応物の粒子どうしが衝突する必要がある.衝突頻度は,反応物が密集して存在しているほど大きくなる.反応速度は反応物の濃度と密接に関係していて,反応物の濃度が大きいほど反応速度が大きくなる.衝突頻度が大きくても,活性化エネルギー以上の運動エネルギーを有する反応物粒子が衝突しないことには,活性化状態を形成できないため,反応は起こらない.つまり,活性化エネルギー以上の運動エネルギーをもつ粒子の数も,反応速度に大きく関係する.

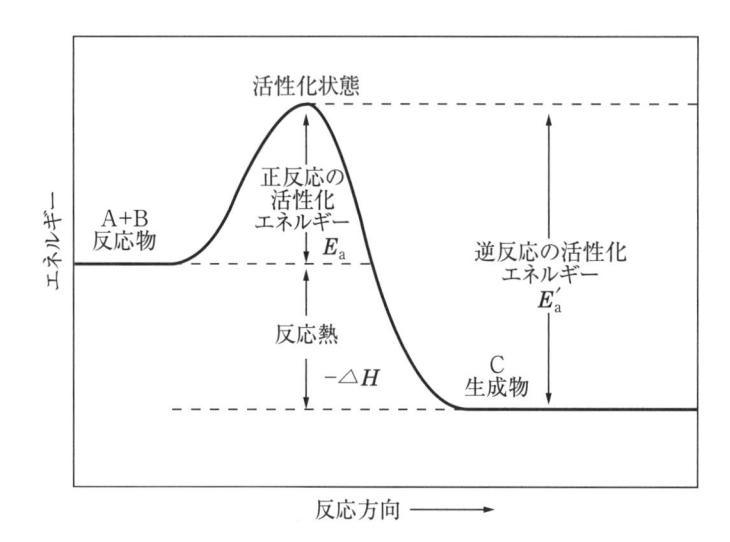

図7.1 反応経路と活性化エネルギー

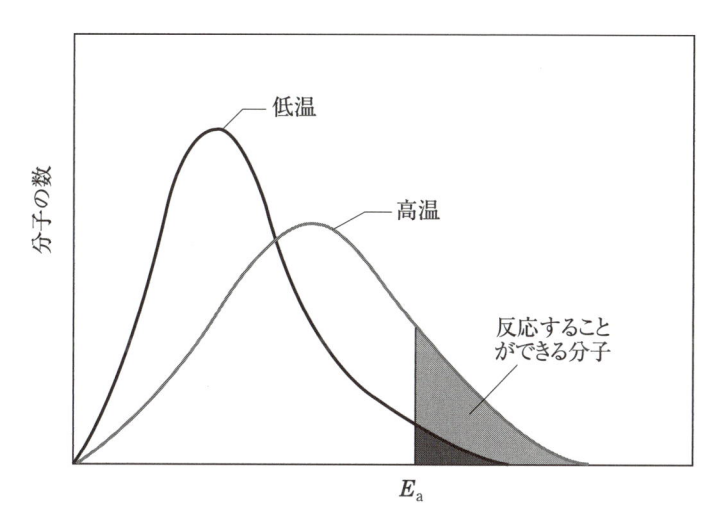

図 7.2　気体分子の運動エネルギーと温度

図 7.2 を見てみると，温度が高いほど粒子は激しく熱運動していて，たくさんの運動エネルギーをもっていることがわかる．したがって，高温のときほど反応が速く進行することになる．温度が 10℃ 上昇すると，反応速度は約 2〜3 倍になるといわれている．

7.2　触媒

触媒とは，それ自身は反応せず，反応速度を大きくする役割を果たす物質をいう．

過酸化水素水 H_2O_2 に酸化マンガン(Ⅳ) MnO_2 を加えると，H_2O_2 が分解して酸素が発生する．この反応において，MnO_2 自身は化学変化するわけではなく，触媒としてはたらいている．

$$2H_2O_2 \longrightarrow 2H_2O + O_2$$

消毒薬に用いられるオキシドールは薄い過酸化水素水で，容器に入っているオキシドールは発泡しないが，傷口にたらすと，H_2O_2 が分解して泡が出てくる．これは，傷口にあるカタラーゼという酵素が MnO_2 と同様に触媒のはたらきをするためである．また，海水に浸した鉄はさびやすいが，これも，海水中の食塩 NaCl が鉄のさびる反応の触媒になるからである．

触媒はどうやって反応速度を大きくするのか．それは，触媒が活性化状態の形成に深く

かかわることによる．触媒は活性化状態を形成する手助けをし，反応の活性化エネルギーを小さくすることができる．活性化エネルギーが小さくなると，活性化エネルギー以上の運動エネルギーをもつ反応物粒子の割合が大きくなるため，反応速度が大きくなる．

しかし，反応物と触媒のあいだの相性の問題があるので，ある反応で触媒としてはたらいた物質が別の反応でも触媒としてはたらけるわけではない．

7.3 化学平衡

ある反応が起こり，反応後に落ち着いている最終的な状態は，**化学平衡**の状態とよばれる．化学平衡の状態とは，見かけ上の変化が起こらなくなった状態のことをいう．

具体例で考えてみると，水素 H_2 とヨウ素 I_2 を高温下で混合すると，ヨウ化水素 HI に変化する．ただ，この反応は完全に進行するわけではなく，一部がヨウ化水素 HI に変化すると，反応が見かけ上停止してしまうのである．

ここで，左辺から右辺への変化を**正反応**といい，右辺から左辺への変化は**逆反応**とよばれる．この反応では，H_2 と I_2 が反応して HI に変化するのが正反応で，HI が分解して H_2 と I_2 になるのが逆反応となる．そして，この反応で正反応も逆反応もともに起きる反応を**可逆反応**という．

$$H_2 + I_2 \rightleftharpoons 2HI \tag{7.1}$$

化学平衡の状態でも，反応そのものは起きている．ただ，平衡状態では**正反応速度**と**逆反応速度**が等しくなって，反応の進行が見かけ上止まっているかのようにみえるだけである．

化学平衡では，反応物と生成物の濃度の積と生成物の濃度の積の比が一定になる．この定数は**平衡定数**とよばれる．たとえば，式(7.1)において平衡定数 K は次のようになる．

$$K = \frac{[HI]^2}{[H_2][I_2]} \tag{7.2}$$

平衡移動

いま，ある系が化学平衡の状態にあって，見かけ上の変化がないものとする．このときの状態を，先ほど述べたように**平衡状態**といい，正反応と逆反応の反応速度が等しくなっている．ここで，平衡にも中心があり「**平衡の位置が右辺に偏っている**」というのは，式(7.1)を例にとると，大部分が右辺の物質の状態（この場合，$2HI$）にあることを意味する．この平衡の位置は，ある特定の条件下では一定のものになる．

次に，平衡状態にある系の温度を上げてみる．温度を上げると熱運動が激しくなって，分子が激しく飛び跳ね，その結果，ポテンシャルエネルギーの高い状態に移る分子が増加

する．温度を上げてからしばらくすると，ふたたび見かけ上の変化が起きなくなる．

図 7.3 を見ると，温度の上昇が起こると平衡の位置が移動することがわかる．この例では，状態 B の方向へ平衡の位置が移動している．この平衡の位置の移動を**平衡移動**という．

ル・シャトリエの法則

温度を上げると，平衡の位置が移動することがわかった．それでは，平衡が移動する方向についてどんなことがいえるのか．

「反応系」で考えると，高温のときほどポテンシャルエネルギーの大きな状態ができやすいことがわかる．ポテンシャルエネルギーが増加する反応（エネルギー図で上にいく反応）は**吸熱反応**と言い換えられるので，「温度を上げると，吸熱反応の方向へ平衡が移動する」と考えられる．これが**ル・シャトリエの法則**の内容である（図 7.3）．

ル・シャトリエの法則とは，平衡の移動方向に関する法則で，「平衡状態にあるとき，その条件（濃度，温度，圧力など）を変化させると，その変化を緩和する方向へ平衡が移動する」という法則である．温度を上げると，それを緩和する方向，つまり，周囲から熱を吸収する方向へ平衡が移動する．

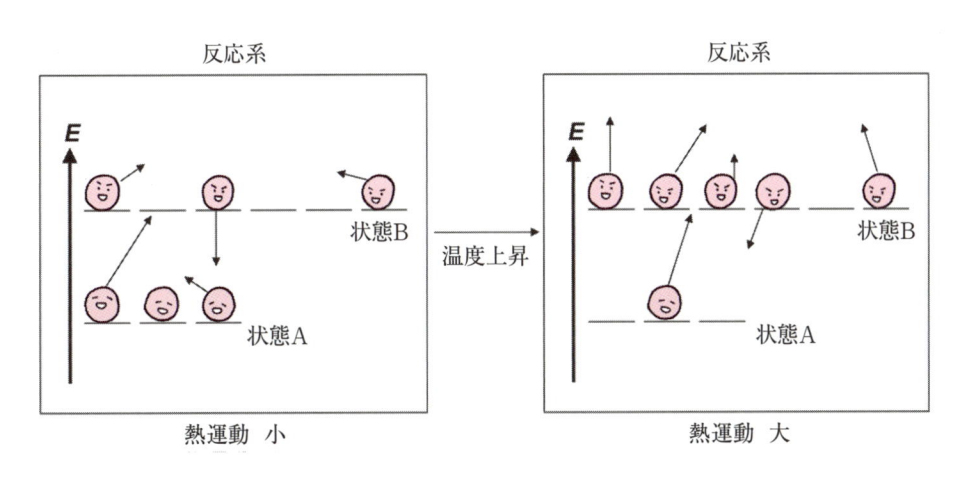

図 7.3 ル・シャトリエの法則

第 7 章　演習問題

1. 化学反応の速さは何によって決まるか．またその理由も述べよ．

2. 次の各問に答えよ．
   ① 物質 1 mol がその成分元素の単体から生成されるとき，出入りする熱をなんというか．
   ② 次の a），b）を熱化学方程式で表せ．
      a）炭素（黒鉛）の燃焼熱は，394 kJ/mol である．
      b）塩酸と水酸化ナトリウム水溶液との中和熱は 56 kJ/mol である．
   ③ 水素 1 g を燃焼させると液体の水ができ，143 kJ の熱が発生する．水素の燃焼熱はいくらか．

3. 次の熱化学方程式を用いて，エタノール（C_2H_5OH）の生成熱を求めよ．
$$C（固）+ O_2 = CO_2 + 394\,\text{kJ} \cdots\cdots ①$$
$$H_2 + 1/2\,O_2 = H_2O（液）+ 286\,\text{kJ} \cdots\cdots ②$$
$$C_2H_6O + 3O_2 = 2CO_2 + 3H_2O（液）+ 1368\,\text{kJ} \cdots\cdots ③$$

4. 気相反応 $N_2O_4 \rightleftharpoons 2NO_2 - 57.3\,\text{kJ}$ において，次の条件の変化が反応の進行方向をどのように変えるかを，ル・シャトリエの原理を基に考察せよ．
   ① 圧力を増す
   ② 容器の体積を広げる
   ③ 温度を下げる

5. 化学平衡とはどのような状態を指すか説明せよ．

6. $aA + bB \rightleftharpoons cC + dD$ の反応の平衡定数を K を用いて表せ．

7. ル・シャトリエの原理について説明せよ．また，$N_2O_4 \rightleftharpoons 2NO_2 - 57.3\,\text{kJ}$ の反応において，次のように条件を変えると平衡はどのように移動するか．右，左，変化なしで答えよ．
   ① NO_2 の濃度を上げた．
   ② 圧力をかけた．
   ③ 温度を上げた．

④ 体積，温度一定でヘリウムを加えた．
⑤ 触媒を加えた．

8. 3A + 2B ⟶ C + D という反応について，次の素反応が与えられている．
　① A + B ⟶ E + F
　② A + E ⟶ H
　③ A + F ⟶ G
　④ B + H + G ⟶ C + D

このとき，速度式が $v_A = k[A][B]$ で表されるとすると，①～④のうちどの素反応が律速段階と考えられるか．①～④の番号で答えよ．

第8章

酸と塩基

　すべての物質は3種類に分けられる.**酸性**,**塩基性**,**中性物質**である.酸,塩基の考えは非常に大切な考えである.それゆえ,酸,塩基の定義には何種類もの考えがある.その中でもよく使われるのが**アレニウスの定義**と**ブレンステッド-ローリーの定義**である(表8.1).

　アレニウスによれば,「酸とは水素イオンH^+を出すものであり,塩基とは水溶液中で水酸化物イオンOH^-を出すもの」である.この定義によれば塩酸HClは解離してH^+を出すから酸であり,水酸化ナトリウムNaOHはOH^-を出すから塩基である.

　一方,ブレンステッド-ローリーによれば,「酸とはH^+を出すものであり,塩基とはH^+を受け取るもの」となる.

　HClはH^+を出すから酸であり,水酸化ナトリウムNaOHはH^+を受け取って$NaOH_2^+$となり,最終的にNa^+とH_2Oになるから塩基である.また,アンモニアNH_3はH^+を受け取ってアンモニウムイオンNH_4^+になるから塩基である.

　ところで,塩酸HClはH^+を出すので酸であった.しかし,Cl^-はH^+を受け取ってHClとなる.これはCl^-が塩基であることを意味する.このように,Cl^-はHClから発生した塩基なのでHClの**共役塩基**であるといわれる.反対に,HClはCl^-から発生した酸なのでCl^-の**共役酸**といわれる(図8.1).

表 8.1 酸性と塩基性の定義の違い

	アレニウスの定義	ブレンステッド・ローリーの定義
酸	H^+ を出すもの	
	$HCl \longrightarrow H^+ + Cl^-$	
塩基	OH^- を出すもの	H^+ を受け取るもの
	$NaOH \longrightarrow Na^+ + OH^-$	$NH_3 + H^+ \longrightarrow NH_4^+$

ブレンステッド-ローリーの定義をたとえると

H^+ を出すもの　　　　　　　　　　H^+ を受け取るもの

$$HCl \rightleftarrows H^+ + Cl^-$$

H^+ を出すから酸　　　　　　　　　H^+ を受け取るから塩基

HClはCl⁻から発生した酸なのでCl⁻の共役酸　　　Cl⁻はHClから発生した塩基なのでHClの共役塩基

水は酸か塩基か

酸　　$H_2O \rightleftarrows H^+ + OH^-$ 　（H^+ を出すから酸）

塩基　$H_2O + H^+ \rightleftarrows H_3O^+$ 　（H^+ を受け取るから塩基）

水は酸にも塩基にもなる両性物質

図 8.1 共役酸と共役塩基

　ブレンステッド-ローリーの定義によれば，水は解離して H^+ を出すから酸であり，また H^+ を受け取って H_3O^+ となるから塩基である．このように，水は酸にも塩基にもなる**両性物質**なのである．

8.1 中和反応

酸と塩基の間の反応を**中和反応**という．中和反応は発熱を伴う激しい反応であることが多いので，注意する必要がある．酸である塩酸 HCl と塩基である水酸化ナトリウム NaOH が中和反応すると，水 H_2O と食塩 NaCl が生成する．中和反応において生成する生成物のうち，水以外のものを塩という（図 8.2）．したがって，食塩は塩の一種であることになる．塩が水と反応して元の酸と塩基になる反応を（塩の）**加水分解**（反応）という．

酸と塩基の反応から生じる塩であるが，塩の性質は中性とは限らない．**強酸**と**強塩基**の間から生じた食塩は中性である．しかし，一般に塩の性質は中性ではない．すなわち，強酸である塩酸 HCl と弱塩基であるアンモニア NH_3 から生じた塩化アンモニウム NH_4Cl は酸性である．また，弱酸である酢酸 CH_3COOH と強塩基である水酸化ナトリウム NaOH の間で生じる酢酸ナトリウム CH_3COONa は塩基性である．このように，塩の性質は反応した酸と塩基のうち，強いほうの性質が現れることになる（図 8.3）．

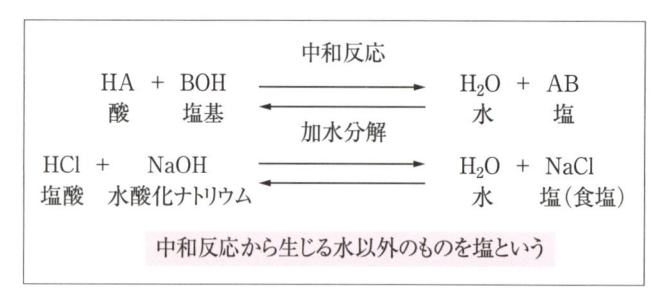

図 8.2 中和反応から生じるもの

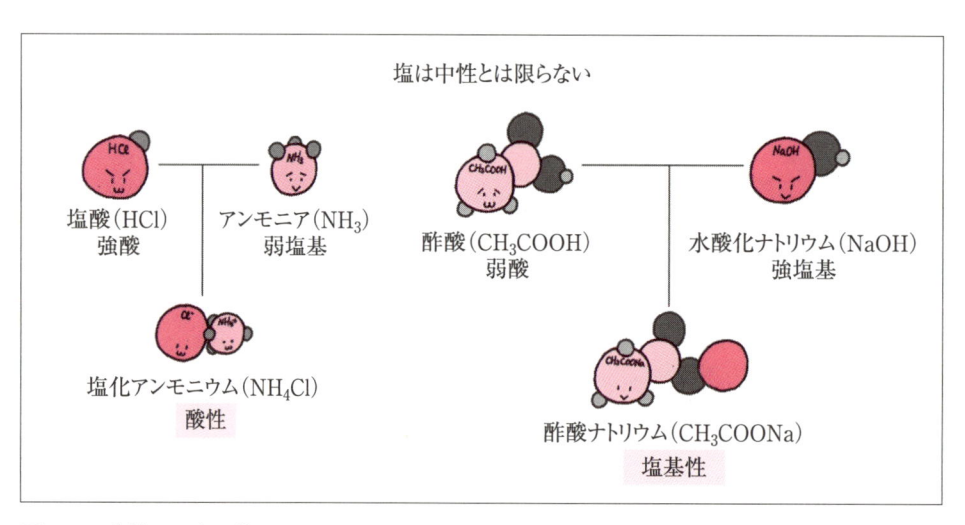

図 8.3 中性ではない塩

```
H₂SO₄ + NaOH  ⇌  NaHSO₄ + H₂O
                 酸性塩

H₂SO₄ + 2NaOH ⇌  Na₂SO₄ + 2H₂O

HCl + Ca(OH)₂ ⇌  Ca(OH)Cl + H₂O
                 塩基性塩

2HCl + Ca(OH)₂ ⇌ CaCl₂ + 2H₂O
```

図 8.4 酸性塩と塩基性塩

H^+ として解離することのできる H を 2 個もっている酸を **2 価の酸**，3 個もっていれば **3 価の酸**という．2 価の酸である硫酸 H_2SO_4 が 1 モルの NaOH と反応すれば，塩として $NaHSO_4$ を生成するが，2 モルの NaOH と反応すれば Na_2SO_4 を生成する．$NaHSO_4$ には H が残っているので**酸性塩**といい，それに対して Na_2SO_4 を**正塩**という．同様に，2 価の**塩基** $Ca(OH)_2$ と塩酸 HCl の反応では，塩基性塩 $Ca(OH)Cl$ と正塩 $CaCl_2$ が生成する（図 8.4）．

8.2 電離定数・電離平衡

物質がイオンなって分かれることを**電離**という．また，「電離の割合」のことを**電離度**といい，記号 α（アルファ）を用いて表す．

電離度 α = 電離した電解質の物質量[mol] / 水溶液中に溶かした電解質の全物質量[mol]

塩酸 HCl はほとんど電離し，多くの H^+ が生じる．このような電離度の大きい酸を強酸という．これに対して，酢酸はごく一部だけが電離している．このような電離度の小さい酸を弱酸という．表 8.2 に代表的な酸と塩基の強弱と電離度 α の関係を示す．

電離度が 1 に近いものが強酸・強塩基であり，1 より十分に小さいものが**弱酸・弱塩基**となる．このように電離度は，酸や塩基の強弱を単純に判断するときの便利な目安となる．しかしながら，同一の物質でも，濃度によって値が変化してしまうという欠点があり，とくに弱電解質の希薄溶液では変化が大きい．

強酸や強塩基は，水溶液中でほぼ完全に電離してしまうが，弱酸や弱塩基は，水溶液中で一部が電離し化学平衡が成立する．これを**電離平衡**といい，弱酸を HA，弱塩基を B で表すと次のようになる．

表 8.2　25℃における 0.1 mol/dm³ 各水溶液の電離度 α

	物質名	強弱	電離度 α
酸	塩酸　HCl	強酸	0.94
	酢酸　CH₃COOH	弱酸	0.013
塩基	水酸化ナトリウム NaOH	強塩基	0.91
	アンモニア　NH₃	弱塩基	0.013

$$\text{弱酸}\quad HA + H_2O \rightleftarrows H_3O^+ + A^- \tag{8.1}$$

$$\text{弱塩基}\quad B + H_2O \rightleftarrows BH^+ + OH^- \tag{8.2}$$

したがって，化学平衡の法則から，次の関係式が得られる．希薄溶液では $[H_2O]$ は溶質に比べてきわめて大きい値をとるので，$[H_2O]$ は一定とみなすことができる．よって，$[H_2O]$ を定数に含めて，弱酸の $K[H_2O]$ を K_a，弱塩基の $K[H_2O]$ を K_b とし，$[H_3O^+]$ を $[H^+]$ で表すと以下のようになる．

$$\text{弱酸}\ K_a = \frac{[H^+][A^-]}{[HA]} \qquad \text{弱塩基}\ K_b = \frac{[BH^+][OH^-]}{[B]}$$

この K_a，K_b を酸 HA，塩基 B の**電離定数**という．K_a，K_b が小さな値をとれば式 (8.1)，(8.2) の平衡が左に偏っていることを意味し，酸・塩基は弱いことを示している．

電離定数は濃度によって変化する電離度とは異なり，温度が一定ならば一定の値をとるので，酸や塩基の強弱の尺度として広く用いられている．とくに弱酸や弱塩基どうしの強弱を比較するには有用である（表 8.3）．

表 8.3 弱酸・弱塩基の電離定数と解離指数（25℃水溶液）

	物質名		K_a [mol/dm³]	pK_a	K_b [mol/dm³]	pK_b
弱酸	フェノール	$C_6H_5OH \rightleftarrows C_6H_5O^- + H^+$	1.55×10^{-10}	9.81		
	炭酸 第1段階	$H_2CO_3 \rightleftarrows HCO_3^- + H^+$	4.47×10^{-7}	6.35		
	炭酸 第2段階	$HCO_3^- \rightleftarrows CO_3^{2-} + H^+$	4.63×10^{-11}	10.33		
	酢酸	$CH_3COOH \rightleftarrows CH_3COO^- + H^+$	1.75×10^{-5}	4.76		
	ギ酸	$HCOOH \rightleftarrows HCOO^- + H^+$	1.77×10^{-4}	3.75		
弱塩基	アニリン	$C_6H_5NH_2 + H^+ \rightleftarrows C_6H_5NH_3^+$		4.58	3.80×10^{-10}	9.42
	アンモニア	$NH_3 + H^+ \rightleftarrows NH_4^+$		9.26	1.82×10^{-5}	4.74
	メチルアミン	$CH_3NH_2 + H^+ \rightleftarrows CH_3NH_3^+$		10.63	4.30×10^{-4}	3.37
	ジメチルアミン	$(CH_3)_2NH + H^+ \rightleftarrows (CH_3)_2NH_2^+$		10.71	5.13×10^{-4}	3.29

8.3　水素イオン指数

　溶液の性質は 3 つに分けられる．**酸性**，**塩基性**，**中性**である．これを液性という．酸の多い状態が酸性，塩基の多い状態が塩基性である．酸が多ければ H^+ が多くなり，塩基が多ければ OH^- が多いか（アレニウス），あるいは H^+ が少なくなる（ブレンステッド）．

　水は中性の物質であるが，わずかに電離している．H^+ と OH^- の濃度の積を水のイオン積といい，常に一定である．したがって，OH^- が増えれば H^+ は減ることになる．すなわち，液性が酸性か塩基性かは，溶液中の H^+ 濃度を測ればよいことになる．

　H^+ 濃度を表す指標に水素イオン指数 **pH** がある．pH の定義は $pH = -\log[H^+]$ であり，H^+ の濃度の対数にマイナスをつけたものである．対数とは濃度を 10 の何乗という指数で表し，その指標部分を取り出した数値である．したがって，$10 = 10^1$ の対数は 1 であり，$0.1 = 10^{-1}$ の場合は -1 である．pH はこの対数にマイナスをつけたものであるから，pH の数値が大きい（高い）と H^+ の濃度は小さくて塩基性，pH が小さい（低い）と H^+ 濃度は大きくて酸性ということになる．

　水のイオン積は $K_w = 10^{-14}$ であるから，H^+ と OH^- の濃度が等しい中性では H^+ の濃度は $[H^+] = 10^{-7}$ となり，pH = 7 となる（図 8.5）．すなわち，pH = 7 が中性であり，pH がそれより低いと酸性であり，高いと塩基性となるのである．

　図 8.6 にいくつかの物質を pH 順に並べて示した．酸っぱい果実は酸性であり，生体を構成する物質は中性であり，洗濯用石けんや灰汁は塩基性である．

52　第 8 章　酸と塩基

液性（ブレンステッドの定義）

酸性　　　　　　　中性　　　　　　塩基性
(H^+ が多い)　　　　　　　　　　　(H^+ が少ない)

水のイオン積と液性

$$H_2O \rightleftharpoons H^+ + OH^-$$

水のイオン積 $(K_w) = [H^+][OH^-] = 10^{-14}\,(mol/dm^3)^2$

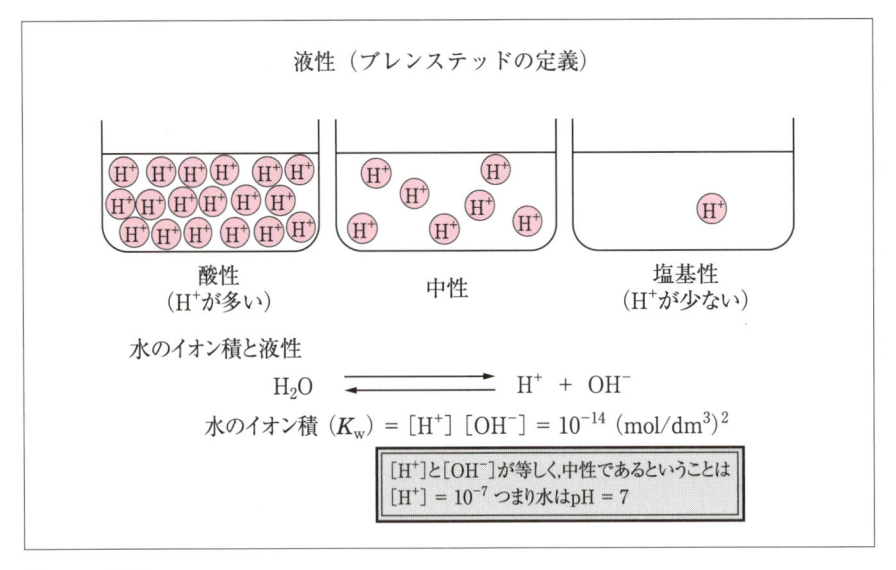

$[H^+]$ と $[OH^-]$ が等しく, 中性であるということは
$[H^+] = 10^{-7}$ つまり水は pH = 7

図 8.5　液性

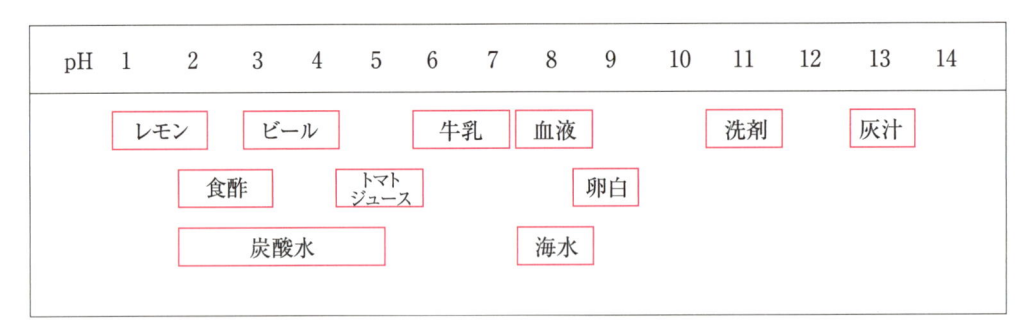

| pH | 1 | 2 | 3 | 4 | 5 | 6 | 7 | 8 | 9 | 10 | 11 | 12 | 13 | 14 |

レモン / ビール / 牛乳 / 血液 / 洗剤 / 灰汁
食酢 / トマトジュース / 卵白
炭酸水 / 海水

図 8.6　身の周りの物質の pH

第8章　演習問題

1. 次の反応中の物質を酸と塩基に分類せよ．

   [例]　$CH_3COOH + H_2O \rightleftharpoons CH_3COO^- + H_3O^+$
   　　　　　酸　　　　塩基　　　　塩基　　　　酸

   ① $CH_3COONa + H_2O \rightleftharpoons CH_3COOH + NaOH$

   ② $NH_4^+ + H_2O \rightleftharpoons NH_3 + H_3O^+$

2. 酸，塩基の定義についてそれぞれ説明せよ．

	酸	塩基
アレニウスの定義		
ブレンステッドの定義		
ルイスの定義		

3. 25℃におけるアンモニアの pK_b の値は 4.8 である．このことより 25℃における 0.020 mol/dm³ アンモニア水溶液の電離度と $[OH^-]$ を求めよ．ただし，アンモニアの $\alpha \ll 1$ より，$1 - \alpha \fallingdotseq 1$ とする．

4. 次の酸の電離において，共役の関係にある酸・塩基を示せ．

   [例]　$HNO_3 + H_2O = H_3O^+ + NO_3^-$
   　　　　酸　　　塩基　　　酸　　　塩基

   ① $CH_3COOH + H_2O = CH_3COO^- + H_3O^+$

   ② $2H_2O + CO_2 = HCO_3^- + H_3O^+$

   ③ $HOAc + NH_3 = OAc^- + NH_4^+$

   ④ $HCO_3^- + H_2O = CO_3^{2-} + H_3O^+$

5. 水溶液中で次のように電離する①〜⑥の各物質を酸・塩基に分類せよ．

   ① $H_2SO_4 \longrightarrow 2H^+ + SO_4^{2-}$

   ② $Ca(OH)_2 \longrightarrow Ca^{2+} + 2OH^-$

   ③ $HNO_3 \longrightarrow H^+ + NO_3^-$

   ④ $CH_3COOH \longrightarrow CH_3COO^- + H^+$

   ⑤ $KOH \longrightarrow K^+ + OH^-$

   ⑥ $Ba(OH)_2 \longrightarrow Ba^{2+} + 2OH^-$

第 9 章

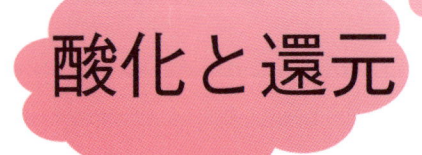

酸化と還元

物質はつね日頃から酸化や還元を受けている．本章では酸化と還元について学ぶ．

9.1 酸化と還元の定義

酸化と**還元**は，つぎのように 3 種類の定義ができる．
(1) 酸素と水素の授受による定義
(2) 電子の授受による定義
(3) 酸化数による定義
そこでまず，(1) から順に考えていくことにする．

酸素と水素の授受による定義

銅を空気中で加熱すると黒色の酸化銅（Ⅱ）CuO になる．このように酸素と化合して**酸化物**が生じる変化を**酸化**という．また，この CuO に粉末の炭素を触れさせながら加熱すると，元の銅に変わる．このように酸化物が酸素を失う変化を**還元**という．

$$2Cu + O_2 \longrightarrow 2CuO \qquad \text{Cu は酸化された}$$
$$2CuO + C \longrightarrow 2Cu + CO_2 \qquad \text{CuO は還元された}$$

一方，水素を授受する反応においても，次のように，酸化還元を定義することができる．火山から噴出する硫化水素 H_2S が空気中の酸素に触れて黄色の硫黄が析出していることがある．

$$2H_2S + O_2 \longrightarrow 2S + 2H_2O$$

この反応では，水素の酸化物として水が生じているので酸化が起こっていると考えてよいが，このとき硫化水素は水素を失っている．

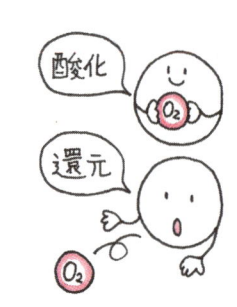

そこで水素を失う変化を酸化という．また，逆に水素を得たとき還元されたという．

電子の授受による定義

　酸素と水素の授受で酸化や還元を定義すると，OやHが関与しない反応は，酸化還元として扱えない．そこで，すべての原子がもっている電子 e^- を用いて，酸化と還元を定義する．

$$2Cu + O_2 \longrightarrow 2CuO$$

の反応で Cu は酸化された．このとき Cu は

$$2Cu \longrightarrow 2Cu^{2+} + 4e^-$$

のように変化しており，電子 e^- を失っている．一方，高温の銅を塩素の中に入れると

$$Cu + Cl_2 \longrightarrow CuCl_2$$

のように塩化銅が生じる．このとき Cu は

$$Cu \longrightarrow Cu^{2+} + 2e^-$$

のように変化している．電子 e^- をなくしている点ではどちらも同じである．

　そこで，原子が電子 e^- をなくすことを酸化と定義すると，酸素や水素との反応だけでなく，上記のような酸素や水素が関与しないような反応にも適用できる．

　つぎに，上記の反応での塩素原子を見てみる．

$$Cl_2 + 2e^- \longrightarrow 2Cl^-$$

Cl_2 は電子 e^- を得ているのがわかる．よって，原子が電子 e^- を得ることを還元と定義する．これらをつぎのようにまとめることができる．

　酸化とは，物質が電子を失う変化であり，その物質は酸化されたという．

　還元とは，物質が電子を得る変化であり，その物質は還元されたという．

　電子の授受を伴う化学反応では，ある物質が電子を得るとき他の物質が電子を失うので，酸化と還元は同時に進行する．このような反応を**酸化還元反応**という．

酸化数による定義

　イオンになりやすい物質が関係する反応では，電子の授受が容易にわかるが，共有結合でできている物質などではその判定が不明確になりやすい．そこで，酸化還元反応を調べる基準として，化合物やイオン中の各原子について次のように**酸化数**を定義し，酸化数の増減により酸化された原子と還元された原子を定義する．

① 原子の酸化数は単体中では0とする．
② 単体原子イオンの酸化数はイオンの価数に等しい．

③ 化合物中の水素原子の酸化数は+1，酸素原子は-2とし，化合物を構成する全原子の酸化数の和は0とする．

ただし，上記③において例外があり，酸素過酸化物において酸素原子は-1，金属水素化物において水素原子は-1となる．

酸化数が増加したとき，その原子は酸化されたといい，酸化数が減少したとき，その原子は還元されたという．反応の**酸化還元**を酸化数によって判定するときは，まずどの原子に着目するかを決め，その原子の酸化数が増加していれば**酸化反応**，減少していれば**還元反応**である．

9.2 酸化剤と還元剤

相手の物質を酸化するはたらきをもつ物質を**酸化剤**といい，逆に，相手の物質を還元するはたらきをもつ物質を**還元剤**という．酸化剤は相手の物質から電子を奪い，還元剤は相手の物質に電子を与える．つまり，酸化剤はそれ自身が還元されやすい物質であり，還元剤はそれ自身が酸化されやすい物質である（表9.1）．

表9.1 酸化剤・還元剤とその反応式

酸化剤・還元剤			反応式
酸化剤	オゾン	O_3	$O_3 + 2H^+ + 2e^- \rightleftarrows O_2 + H_2O$
	過酸化水素	H_2O_2	$H_2O_2 + 2H^+ + 2e^- \rightleftarrows 2H_2O$
	過マンガン酸カリウム	$KMnO_4$	$MnO_4^- + 8H^+ + 5e^- \rightleftarrows Mn^{2+} + 4H_2O$
	二クロム酸カリウム	$K_2Cr_2O_7$	$Cr_2O_7^{2-} + 14H^+ + 6e^- \rightleftarrows 2Cr^{3+} + 7H_2O$
	塩素	Cl_2	$Cl_2 + 2e^- \rightleftarrows 2Cl^-$
	二酸化硫黄	SO_2	$SO_2 + 4H^+ + 4e^- \rightleftarrows S + 2H_2O$
還元剤	ナトリウム	Na	$Na \rightleftarrows Na^+ + e^-$
	過酸化水素	H_2O_2	$H_2O_2 \rightleftarrows O_2 + 2H^+ + 2e^-$
	硫酸鉄(Ⅱ)	$FeSO_4$	$Fe^{2+} \rightleftarrows Fe^{3+} + e^-$
	硫化水素	H_2S	$H_2S \rightleftarrows S + 2H^+ + 2e^-$
	二酸化硫黄	SO_2	$SO_2 + 2H_2O \rightleftarrows SO_4^{2-} + 4H^+ + 2e^-$

9.3 金属のイオン化傾向と標準電極電位

イオン化傾向

単体の原子が電子を失って酸化されると陽イオンになる．しかし，陽イオンへのなりやすさはそれぞれの金属によって異なる．そのなりやすさを金属のイオン化傾向という．**イオン化傾向**の大きいものから小さいものへと金属を並べると次のように表される．

$$K > Ca > Na > Mg > Al > Zn > Fe > Ni > Sn > Pb > (H) > Cu > Hg > Ag > Pt > Au$$

これを金属のイオン化列という．イオン化傾向の大きいものはイオンになりやすく，他の物質に電子を与える還元力が強いため反応しやすい．また，水素は金属ではないが陽イオンを生じるので，イオン化列に含めると便利である．たとえば H_2 よりイオン化傾向の大きい金属 M は

$$M + 2H^+ \longrightarrow M^{2+} + H_2 \quad (便宜上，M は 2 価の陽イオンとする)$$

のように反応するから，金属 M は酸の水溶液に溶けて水素を発生することがわかる．逆にイオン化傾向が水素より小さい金属は，酸と反応して水素を発生することはない．

標準電極電位

イオン化傾向の定性的な大小関係は実験によって求めることができるが，より定量的な決め方を考えてみる．

白金 Pt を**電極材**とする水素電極を定義し，これに対して種々の金属と電解液とで構成された電極を接続してその**電位差**を測定する（図 9.1）．このようにして，水素電極を基準にした各電極の電位を得ることができる（図 9.2）．この電位を**標準電極電位** E_0 という（表 9.2）．

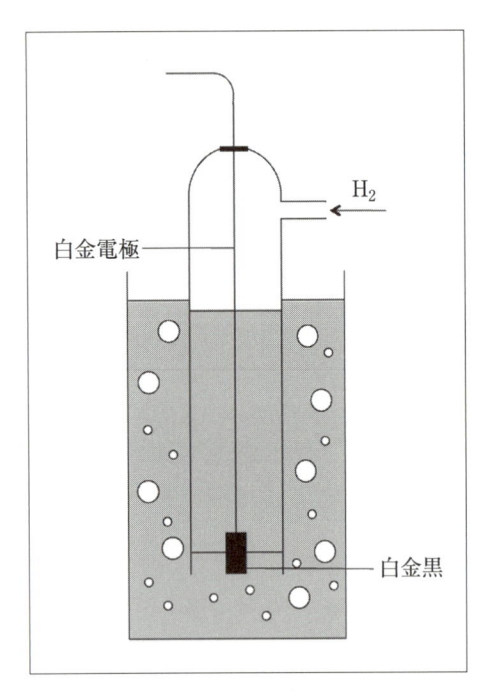

図 9.1 水素電極モデル

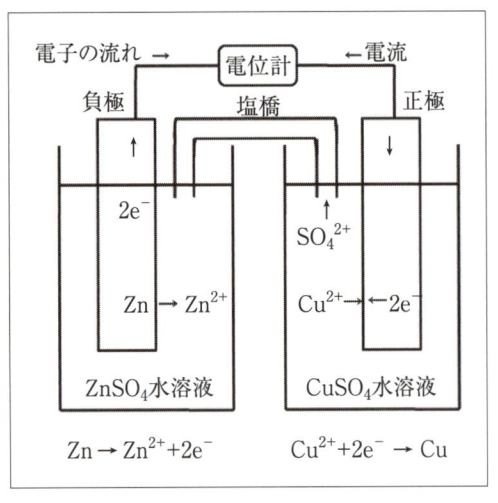

図 9.2 電極電位の測定方法

表 9.2 おもな電極における標準電極電位 E_0

電極の反応	標準電極電位	電極の反応	標準電極電位
$K^+ + e^- \longrightarrow K$	-2.93	$Cu^{2+} + 2e^- \longrightarrow Cu$	0.34
$Mn^{2+} + 2e^- \longrightarrow Mn$	-2.66	$2H_2O + O_2 + 4e^- \longrightarrow 4OH^-$	0.40
$Al^{3+} + 3e^- \longrightarrow Al$	-1.68	$I_2 + 2e^- \longrightarrow 2I^-$	0.54
$Zn^{2+} + 2e^- \longrightarrow Zn$	-0.76	$Ag^+ + e^- \longrightarrow Ag$	0.80
$S + 2e^- \longrightarrow S^{2-}$	-0.45	$Br_2 + 2e^- \longrightarrow 2Br^-$	1.07
$Fe^{2+} + 2e^- \longrightarrow Fe$	-0.44	$Pt^{2+} + 2e^- \longrightarrow Pt$	1.19
$Ni^{2+} + 2e^- \longrightarrow Ni$	-0.26	$4H^+ + O_2 + 4e^- \longrightarrow 2H_2O$	1.23
$Sn^{2+} + 2e^- \longrightarrow Sn$	-0.14	$Cl_2 + 2e^- \longrightarrow 2Cl^-$	1.36
$Pb^{2+} + 2e^- \longrightarrow Pb$	-0.13	$Au^+ + e^- \longrightarrow Au$	1.68
$2H^+ + 2e^- \longrightarrow H_2$	0		

9.4 電池の原理

　酸化と還元を利用して電子の流れを一定の方向に継続的につくり，**化学変化**のエネルギーを**電気エネルギー**として取り出す装置を**電池**という（図9.3）．

　一般には，イオン化傾向の異なる2種類の金属板を**電解質溶液**に浸すことで電池となる．この金属板を電極といい，上記の標準電極電位の測定における水素電極と試験電極の組合せも一種の電池である．

　イオン化傾向の大きいほうの**電極**（アノード（−極））では酸化反応が起こり，金属が酸化されて水溶液中に溶け出すとともに，電子は導線を通じてもう一方のイオン化傾向の小さい金属でできた電極へ流れ出す．また，イオン化傾向の小さいほうの電極（カソード（＋極））では，流れ込んだ電子によって水溶液中の陽イオンが還元される．両電極間で生じる電位の差を起電力といい，標準状態の電極であれば標準電極電位の差が**起電力**になる．

図9.3　電池の原理

第9章 演習問題

1. つぎの物質中，下線をつけた原子の酸化数を求めよ．
   ① H$_2$C$_2$O$_4$ ② NH$_4$NO$_3$ ③ KMnO$_4$

2. つぎの各反応で，下線をつけた原子が，酸化されている場合にはO，還元されている場合にはR，どちらでもない場合にはNの記号を記せ．また，例にならって酸化数の変化も示せ．
   [例] KMnO$_4$ ⟶ MnSO$_4$ 答：R（+Ⅶ→+Ⅱ）

   (a) AgNO$_3$ ⟶ AgCl   (b) NH$_3$ ⟶ NH$_4$Cl   (c) Na$_2$SO$_3$ ⟶ SO$_2$
   (d) KBr ⟶ Br$_2$ (e) H$_2$O$_2$ ⟶ H$_2$O   (f) Cl$_2$ ⟶ HClO
   (g) K$_2$Cr$_2$O$_7$ ⟶ K$_2$CrO$_4$

3. 以下の現象を反応式で表し，何が何によって酸化されたのか，何が何によって還元されたのかを記せ．
   ① 硫酸銅（Ⅱ）の水溶液に水素ガスを吹き込むと，銅が析出した．
   ② 金属バリウムを空気と接触させると，金属バリウムの表面に酸化バリウムが生成した．
   ③ 硫酸銅（Ⅱ）の水溶液に亜鉛板を浸すと，亜鉛板の表面に銅が析出した．

4. 図のような電池があるとする．以下の問に答えよ．

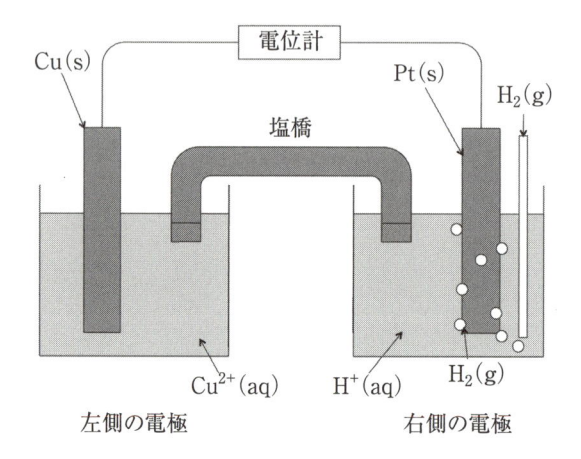

① この電池を電池式で記せ．
② この電池の左側の電極，右側の電極で起こる反応をそれぞれ記せ．
③ この電池で起こる電池反応を記せ．

第10章

物質の三態

10.1 物質の三態

　物質には温度と圧力により，固体，液体，気体の3つの状態がある．これを物質の三態という．たとえば H_2O は温度や圧力が変化すると，固体の水である氷が融解して液体の水になり，液体の水が蒸発して気体の水である水蒸気になる．逆に水蒸気が凝縮して液体になり，液体が凝固して氷になる．また，固体が液体を経ずに直接蒸気を発して気体になることを昇華という（図10.1）．

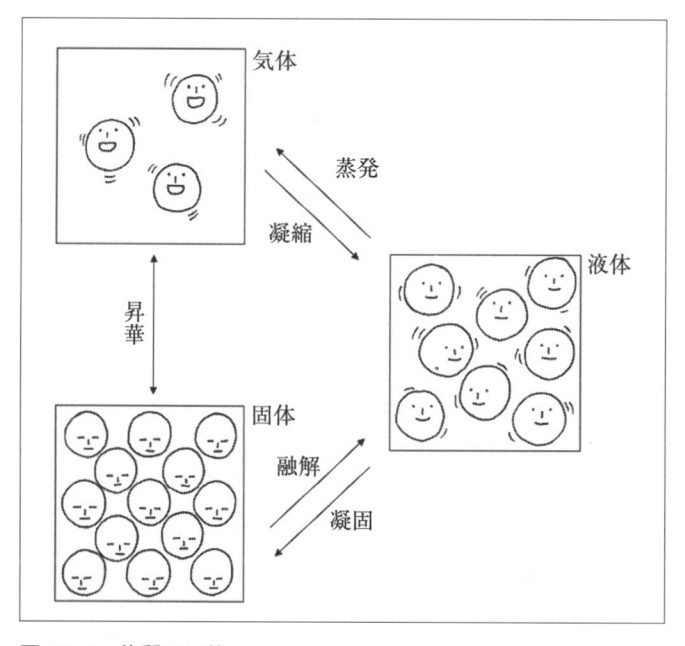

図10.1　物質の三態

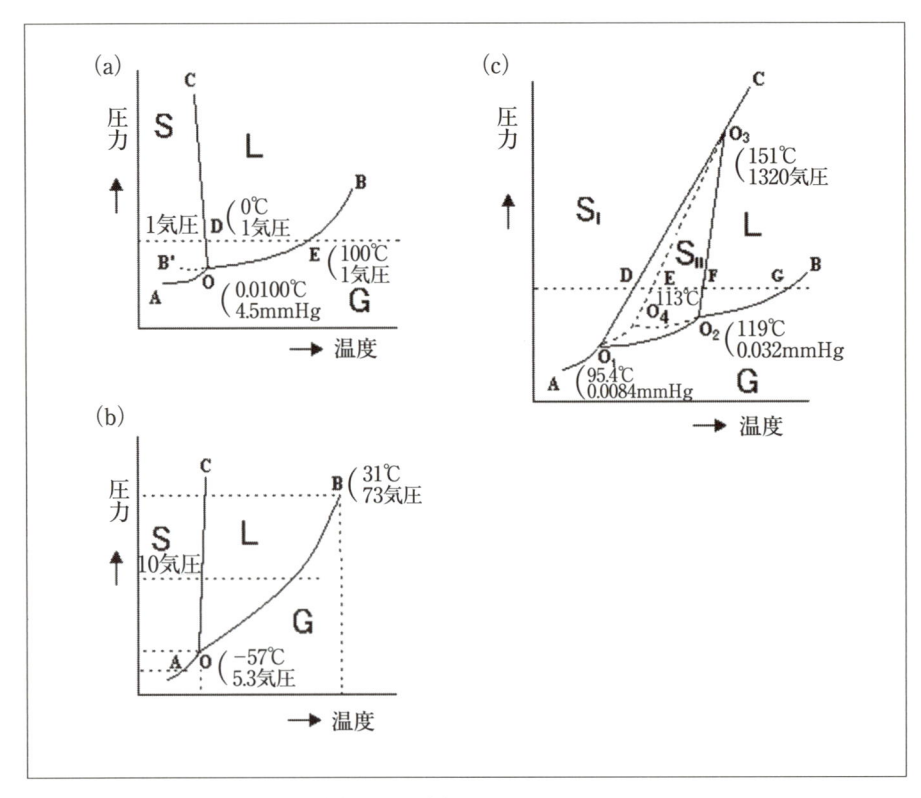

図 10.2　水 (a)，二酸化炭素 (b)，硫黄 (c) の状態図
　　　　S：固相，L：液相，G：気相，S_I：斜方硫黄，S_{II}：単斜硫黄．

　物質は一般に，固体，液体，気体の三態間の状態変化を示す．これらの変化は一般的には相変化とよばれ，状態図で表される（図 10.2）．この状態図より，ある温度と圧力のもとでどの相がもっとも安定かがわかる．

10.2　固体の結晶構造

　固体は物質の3態のうちで，もっとも熱振動が小さい集合状態である．また，固体を構成する原子や分子の並び方により，**結晶質**と**非結晶質**に分けられる．ここでは，結晶質の代表例である金属結晶において金属原子がどのように並んでいるかを考えてみる．
　金属結晶の多くは同じ大きさの陽イオンが密に詰まった**最密充填構造**からなる．最密充填構造は，1体積中に多くの化学結合を含んでいるので安定な構造である．最密充填構造には**六方最密格子**と**面心立方格子**がある．六方最密格子は，A層の上にB層が重なり，これをくり返している構造である．一方，面心立方格子は，A層の上にB層，さらにC

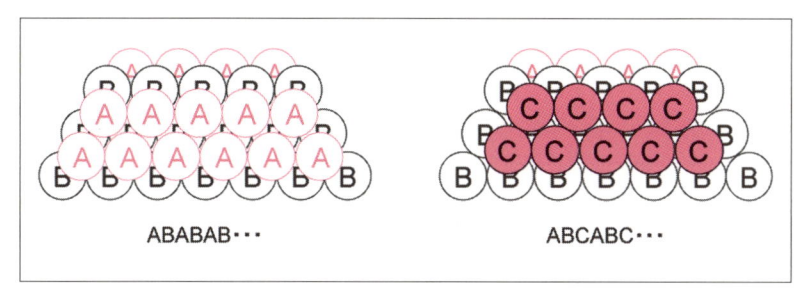

図 10.3 固体の結晶構造

層を積み重ね，これをくり返す構造からなる（図 10.3）．六方最密格子の構造をとる金属結晶の例としては，Ni, Ti, Zn などがあり，面心立方格子の例としては，Mg, Na, Cu などがある．

また，最密ではない構造には**体心立方格子**がある．これは最密ではないが，クロム Cr, モリブデン Mo などの金属結晶ではよくみられる構造である．

金属結晶以外では，NaCl, MgO などのイオン結晶も面心立方格子を示す．なお，各結晶における充填率は，六方最密格子と面心立方格子では 74%，体心立方格子では 68% である．

10.3 液体・溶液の特徴

溶液に関して，**溶質**が溶けると**純溶媒**ではみられない性質を示す．ここでは濃度のきわめて小さい**溶液**（希薄溶液）にみられる性質について見ていく．一般的に希薄溶液では，溶質の種類が何であっても，溶質分子の数と溶媒の種類だけで決まる性質がある．これを束一的性質とよび，蒸気圧降下，沸点上昇，凝固点降下，浸透圧などの性質がこれに分類される．

蒸気圧降下と沸点上昇

純粋な**液体**は，一定温度で一定の蒸気圧を示すが，この液体を溶媒として他の物質を溶かした溶液をつくると，溶媒の蒸気圧は純粋な液体のときの蒸気圧より低くなる．この現象を**蒸気圧降下**という（図 10.4）．これは，気体の表面で，蒸発しない溶質粒子が溶媒の表面積を狭くしていることによる．その結果，溶液の蒸気圧は純溶媒に比べて下がる．

沸騰は蒸気圧と大気圧が等しくなったときに起きる現象であるから，純粋な液体よりも蒸気圧が降下した溶液では，より高温にならないと沸点に達しない．この現象を**沸点上昇**という．

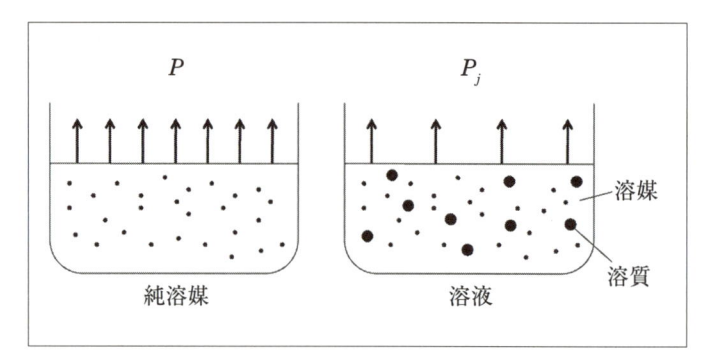

図 10.4　蒸気圧降下の様子

浸透圧

セロハンや生物の細胞膜などは，溶液中のある成分だけを透過させ，他の成分を透過させないという性質をもつ．このような膜を**半透膜**という．物質が透過する・しないは膜に開いた孔の大きさと分子の大きさで決まる．

溶媒だけを通す半透膜で仕切って溶媒と溶液をU字管に入れると，全体の濃度が均一になるように，半透膜を経て溶媒が溶液側に移動しようとする．濃度が異なる2つの溶液についても，低濃度の溶液から高濃度の溶液へと溶媒の移動が見られる．このように，溶媒が半透膜を経て濃度が低いほうから高いほうへと移動する現象を浸透という（図10.5）．

溶媒が溶液側に浸透する圧力を**浸透圧 Π** という．蒸気圧降下などと同様に，浸透圧 Π は水溶液中の溶質の種類には関係なく，粒子数のみに比例し，次のように書ける．

$$\Pi = CRT$$

ここで C はモル濃度（mol/dm^3），R は気体定数，T は温度（K）である．

さらに溶液の体積を $V\text{dm}^3$，溶質を $n\text{mol}$ とすると $C = n/V$ となるので

$$\Pi V = nRT$$

となる．これを**ファント・ホッフの法則**という．

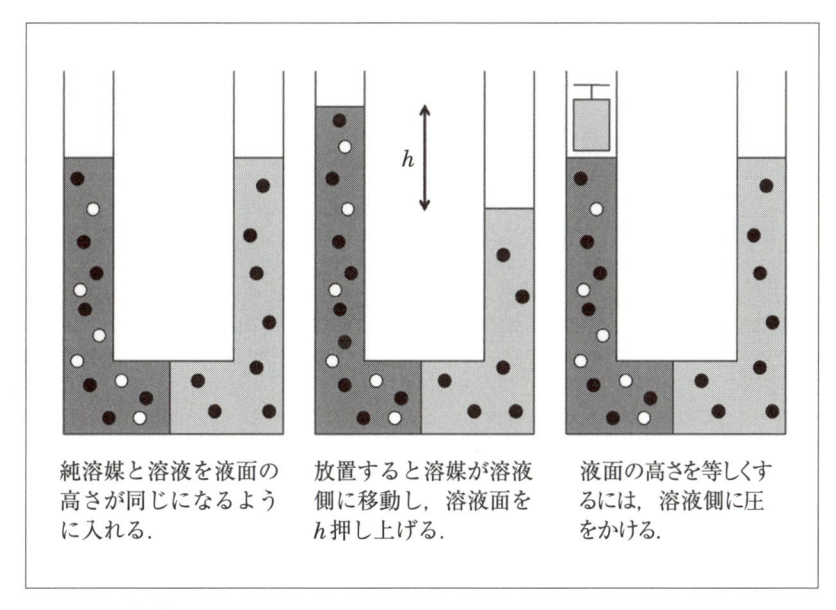

図10.5　浸透圧

10.4　理想気体と実在気体

理想気体の状態方程式

　気体の性質を考えるときに，そのふるまいを簡略化するために用いられるのが**理想気体**のモデルである．理想気体の条件は以下のとおりである．
① 気体分子を質点とみなし，気体自身の体積を無視する．
② 分子間にはたらく相互作用を無視する．
　このような条件を満たす気体は状態方程式 $PV = nRT$ に従う．**ボイルの法則**（$PV = $ 一定），**シャルルの法則**（$V/T = $ 一定）から，**比例定数**を nR として，理想気体の状態方程式 $PV = nRT$ が導かれる．状態方程式に完全に従う気体は理想気体である．ここで，標準状態（0℃，101.32 kPa）における 1 mol の気体の体積は，22.414 dm^3 であることを使って，気体定数 R の値を求めると $R = 8.314$ J/K・mol となる．

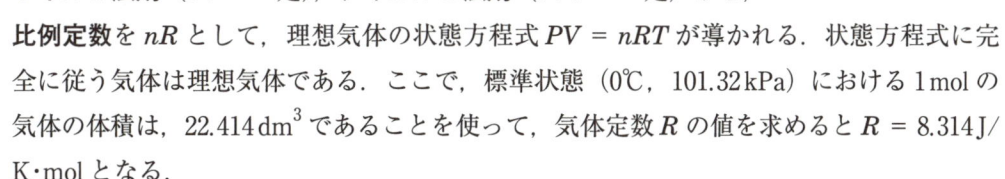

実在気体の状態方程式

　理想気体の性質は，きわめて限られた条件下でしかみられない．ファンデルワールスは理想気体の状態方程式をもとに，実在する気体の性質を考慮して，以下のような実在気体の状態方程式を導いた．排除体積 nb と，気体分子の圧力は理想気体に比べ $a\,(n/V)^2$ だけ

小さくなることを考慮して，つぎのように表せる．
$$\{P + a(n/V)^2\}(V - nb) = nRT$$
ここで，a を**分子間力**に関する，b を分子の大きさに関するそれぞれの気体固有の定数とする．これは**ファンデルワールスの状態方程式**とよばれる．

第10章　演習問題

1. 次の語句を説明せよ．
   ① ドルトン分圧の法則
   ② ラウールの法則
   ③ 浸透圧

2. 7.00 mol のアンモニアが 75℃ で 11.3 dm³ を占めるときの圧力をファンデルワールスの状態方程式を用いて計算せよ．ただし $a = 4.17\,\mathrm{atm \cdot (dm^3)^2 \cdot mol^{-2}}$, $b = 3.71 \times 10^{-2}\,\mathrm{dm^3 \cdot mol^{-1}}$ である．なお，この値をアンモニアが理想気体として求めた圧力と比較せよ．実測値：15.8 atm．

3. ヒトの血液の浸透圧は 37℃ で 7.5 atm である．同じ温度で同じ浸透圧をもつブドウ糖の水溶液を 2 dm³ つくるには何グラムのブドウ糖を必要とするか．

4. 金の結晶は面心立方構造であり，その格子定数は 0.408 nm である．原子を球とみなしたとき，その半径を求めよ．

5. 次の状態図を参照し，下の各問に答えよ．

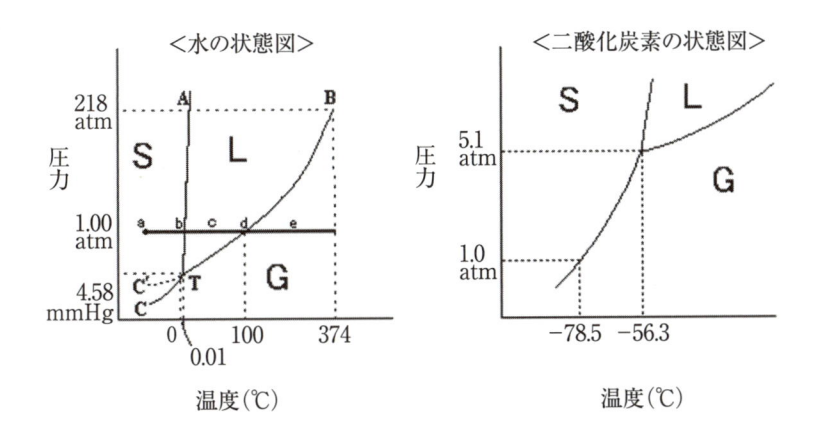

① 水の状態図の a～e に沿って（1 atm のもとで）低温の氷を一様に加熱していくときの，温度と時間の変化の概略を右のグラフに表せ．ただし，グラフ中に a～e を明記すること．
② ドライアイスを融解させるためにはどうすればいいか．
③ −1℃ の氷を −1℃ の水にするには，どうすればいいか．

6. 結晶はそれを構成する粒子間の結合のしかたで，つぎの4種類に大別される．
   ① イオン結晶
   ② 共有結合性結晶
   ③ 分子結晶
   ④ 金属結晶

   下のA群にはそれぞれの結晶を構成する粒子の種類が，B群にはその粒子間を結びつけている結合力の種類が，C群には4種類の結晶の特徴的な性質が，またD群には各種の結晶の実例が示してある．各群より上記の①～④に対応するものを選んで記号で答えよ．ただし，D群からは2個ずつ選び出すこと．

   [A群] ア) 原子　　イ) 分子　　ウ) 陽イオンと電子　　エ) 陽イオンと陰イオン
   [B群] オ) 自由電子による結合　　カ) 静電的な引力　　キ) 電子対の共有による結合　　ク) ファンデルワールス力
   [C群] ケ) きわめて硬く融点も高い．　　コ) 延展性を有し電気伝導性がよい．
   　　　サ) 電気伝導性はないが，水溶液や融解状態では電気を伝導する．
   　　　シ) 一般に軟らかく融点が低い．昇華性を有するものもある．
   [D群] a) ヨウ素　　b) 塩化鉄(Ⅲ)　　c) ナトリウム　　d) 臭化カリウム
   　　　e) クロム　　f) 二酸化ケイ素　　g) ドライアイス　　h) ダイヤモンド

7. 沸点上昇度 $\Delta t(\mathrm{K}) = K_\mathrm{b} (\mathrm{K \cdot kg \cdot mol^{-1}})$，$K_\mathrm{b} = nRT/\Delta H$ の式で表される．次の表のモル蒸発熱，沸点の値を用いて，① 二硫化炭素および ② エタノールのモル沸点上昇を計算せよ．なお原子量は H = 1.0，C = 12.0，O = 16.0，S = 32.0 とする．

   溶媒のモル沸点上昇とモル凝固点降下

溶媒	沸点(K)	モル蒸発熱 (kJ・mol^{-1})	K_b (K・kg・mol^{-1})
二硫化炭素	319.5	26.78	2.29
エタノール	351.5	38.58	1.22

   ① 二硫化炭素
   ② エタノール

8. 金結晶は面心立方格子の構造を有する．この金結晶の充填率を求めよ．ただし，立方体の1辺を a，$\pi = 3.14$，$\sqrt{2} = 1.41$ とする．

9. 凝固点降下度は $\Delta T_f = k_m C_m$ の式で表される.
ここで,k_m:モル凝固点降下（K·kg·mol^{-1}）,C_m:質量モル濃度（mol·kg^{-1}）である.水 1 kg にショ糖 2 mol を溶かすと,溶液の凝固点はいくらになるか.ただし,水のモル凝固点降下は 1.86 K·kg·mol^{-1}, 0℃ = 273.15 K とする.

10. 101.32 kPa,10℃の条件で 10.00 dm^3 の体積を占める気体を,50.00 kPa,20℃の状態にしたとき,この気体の占める体積を求めよ.ただし 0℃ = 273.15 K とする.

第 11 章

有機化合物

11.1　有機化合物の特徴

　一般に，炭素原子を含む化合物を**有機化合物**，それ以外の化合物を**無機化合物**という．ただし，一酸化炭素や二酸化炭素，あるいは炭酸塩などは無機化合物に分類されている．
　有機化合物の種類はきわめて多いが，それを構成する元素の種類は，炭素のほか，水素，酸素，窒素，硫黄など比較的少ない．一般に，有機化合物は，水に溶けにくいものが多く，アルコールやエーテルなどの有機溶媒に溶けやすいものが多い．また，比較的少数の原子から構成されているものでは，融点や沸点が低い．有機化合物は燃えやすく，完全燃焼すると，おもに二酸化炭素と水を生じる．

11.2　有機化合物の分類

　有機化合物は，大きく2つに分類される．1つは，化合物の骨格をつくる炭化水素の構造による分類．もう1つは，化合物のもつ**官能基**による分類である．このような分類は，多数の有機化合物の構造や性質を体系的に理解するために役立つ．

構造に基づく分類
[骨格による分類]
　炭素原子が鎖状に結合しているものを**鎖式化合物**という．鎖式化合物は，**脂肪族化合物**ともよばれる．一方，炭素原子が環状に連結した構造をもつものを**環式化合物**という．

[炭素原子間の多重結合の有無による分類]

炭素原子間の結合がすべて単結合で形成され，二重結合や三重結合を含まないものを**飽和化合物**という．また，炭素原子間に二重結合や三重結合を含むものを**不飽和化合物**という．

[芳香環の有無による分類]

ベンゼン C_6H_6 に代表される共役二重結合を有する閉環平面構造をもつ化合物群をいう．

官能基に基づく分類

代表的な官能基，およびその官能基をもつ有機化合物の一般的な名称を，例とともに表 11.1 に示した．官能基はその基を含む有機化合物に共通する特有の性質を与える．たとえば，**アルキル基**（炭化水素基）R- に官能基である**ヒドロキシル基** -OH が結合した ROH はアルコールとよばれ，ナトリウムと反応して水素を発生するなどの OH 基に由来する性質をもつ．

表 11.1 官能基による有機化合物の分類

官能基名		化合物の名称	化合物の例と示性式	
ヒドロキシ基*	-OH	アルコール フェノール類	エタノール フェノール	C_2H_5OH C_6H_5OH
エーテル結合	-O-	エーテル	ジエチルエーテル	$C_2H_5OC_2H_5$
アルデヒド基	-CHO	アルデヒド	アセトアルデヒド	CH_3CHO
ケトン基	>C=O	ケトン	アセトン	CH_3COCH_3
カルボキシル基	-COOH	カルボン酸	酢酸	CH_3COOH
エステル結合	-COO-	エステル	酢酸エチル	$CH_3COOC_2H_5$
ニトロ基	-NO_2	ニトロ化合物	ニトロベンゼン	$C_6H_5NO_2$
アミノ基	-NH_2	アミン	アニリン	$C_6H_5NH_2$
アミド結合	-CONH-	アミド	アセトアニリド	$CH_3CONHC_6H_5$
アゾ基	-N=N-	アゾ化合物	アゾベンゼン	$C_6H_5NNC_6H_5$
スルホ基	-SO_3H	スルホン酸	ベンゼンスルホン酸	$C_6H_5SO_3H$

＊ヒドロキシル基ともいう．

11.3 芳香族化合物

ベンゼンの**分子式**は C_6H_6 であり，**六員環構造**をもつ不飽和炭化水素であるが，その物理的・化学的性質は**アルケン**とは著しく異なっている．ベンゼンに含まれる環構造を**芳香環**，あるいは**ベンゼン環**とよび，この環構造をもつ化合物を**芳香族化合物**という．ベンゼンの水素原子を，**炭化水素基**やさまざまな官能基で置き換えた化合物も，すべて芳香族化合物である．

ベンゼンは**平面構造**の分子であり，6個の炭素原子は正六角形を形成している．炭素-炭素結合距離は 0.139 nm であり，単結合と二重結合の中間の長さとなっている．ベンゼンをはじめとする芳香族化合物がもつ六員環では，単結合と二重結合に明確な区別があるわけではなく，**π結合**は特定の炭素-炭素間に存在せず，6本の炭素原子間の結合に均等に分布していると考えられている．電子が特定の結合に束縛されずに，分子全体を動き回って多くの原子核の影響を受けることを，電子の**非局在化**という．電子が非局在化することにより，分子は安定になる．芳香族化合物のもつ著しい安定性や特異な性質は，芳香族環におけるπ電子の非局在化に由来している．

11.4 ベンゼンの置換反応

ベンゼンの6個の水素原子はすべて**等価**なので，1つの水素原子を炭化水素基 X で置換した化合物は C_6H_5X の1種類しか存在しない．しかし，2個の水素原子が炭化水素基 X, Y で置換された化合物 C_6H_4XY では，炭化水素基の位置によって**構造異性体**（位置異性体）が存在する．2個の置換基を隣接する位置にもつものを ***o*-体**（オルト体），2個の置換基が1個の水素原子をはさんで位置するものが ***m*-体**（メタ体），ベンゼン環の向かい合った位置に置換基をもつものを ***p*-体**（パラ体）という（図 11.1, 11.2）．

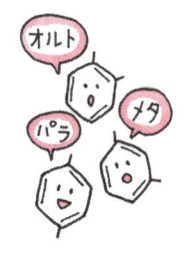

図 11.1 2置換ベンゼン

図 11.2 1置換ベンゼン化合物

11.4 ベンゼンの置換反応

ではここで，フェノールの**置換反応**について考えてみる．ベンゼンと臭素を反応させるときには鉄を触媒として温度を上げないと反応が進行しないが，フェノールは水溶液でただちに臭素と反応して2,4,6-トリブロモフェノールが生成することが知られている．では，なぜベンゼンでは反応しにくい臭素の置換反応がフェノールでは容易に起こるのか．しかも，なぜオルト位，パラ位に置換反応が起きるのか．

それは共役π電子系の分極により，OHのついたベンゼン環のo-，p-の炭素はマイナスに帯電していて，プラスの電荷をもつ**求核電子種**と結合しやすいベンゼンの炭素よりフェノールのo-，p-の炭素のほうがマイナスの電荷が大きいので，ベンゼンよりも反応がしやすく，しかもフェノールのo-，p-の炭素に置換反応が起こることで説明できる（図11.3）．

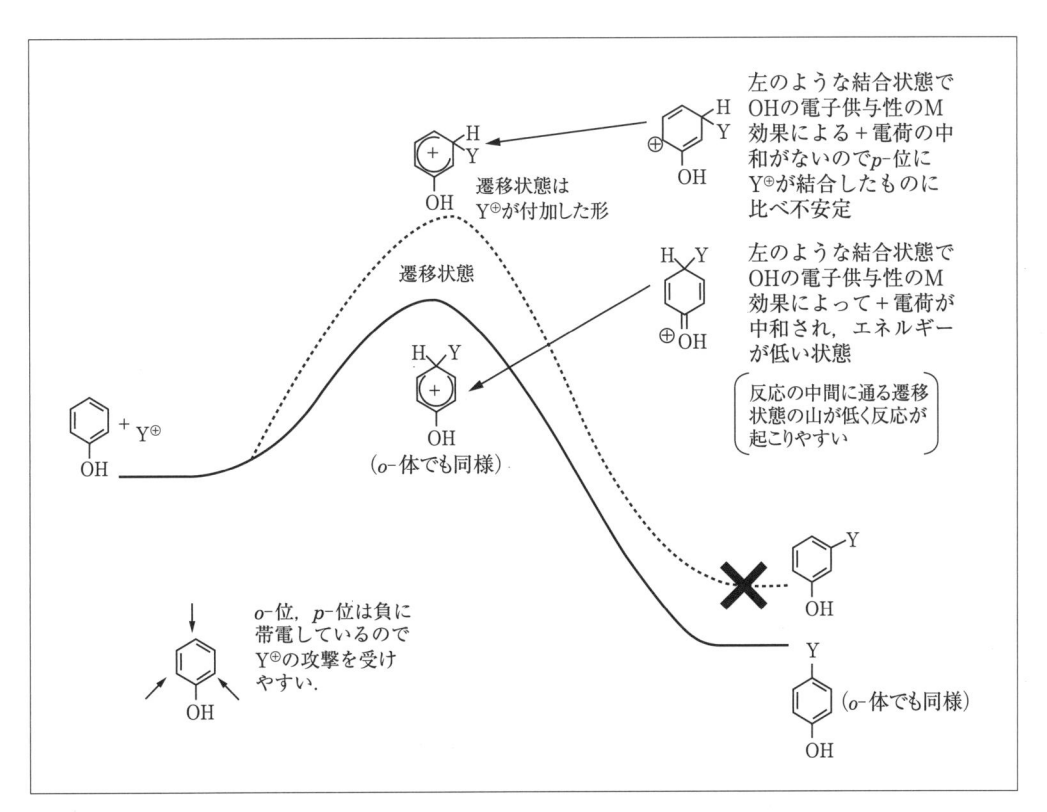

図 11.3　フェノールにおける求電子置換反応の反応機構

第 11 章　演習問題

1. 次の語句を説明せよ．
   ① 官能基
   ② 求電子種
   ③ 求核種

2. 電子吸引性の M 効果を示す -COOH をもつベンゼン環のニトロ化について以下の問に答えよ．
   ① ベンゼン環のどの位置に反応が起こるか．
   ② 反応を起こすための条件（ニトロ化剤の濃度，温度）はベンゼンのニトロ化の場合と比べてどう異なるか．

3. ヘキサン C_6H_{14} には 5 種類の構造異性体が存在している．そのうち 3 つは下記の構造である．残り 2 種類の構造異性体を書け．

$$CH_3CH_2\underset{CH_3}{\overset{|}{C}H}CH_2CH_3 \qquad CH_3CH_2\underset{CH_3}{\overset{\overset{CH_3}{|}}{C}}CH_3 \qquad CH_3\underset{CH_3}{\overset{\overset{CH_3}{|}}{C}H}CHCH_3$$

4. 次の語句を説明せよ．
   ① 有機化合物
   ② 無機化合物

5. 分子式が C_3H_6O で表される化合物すべての異性体の構造を書け．

6. 2-ペンタノール $CH_3CH_2CH_2CH(OH)CH_3$ の脱水反応によって生成する可能性のあるアルケンの構造式とその化合物名を書け．

第 12 章

高分子化合物

　第 11 章でみてきた有機化合物は，数個あるいは数十個の原子からできており，分子量も大きなもので数百程度であった．しかし，われわれの生活にかかわり深い有機化合物であるデンプンやタンパク質，あるいは合成繊維や合成樹脂は，数百個以上の原子が共有結合で結合しており，分子量も数万から数千万に達する巨大な分子である．一般に，分子量が 1 万以上の物質を高分子化合物，あるいは高分子という（図 12.1）．高分子化合物は，これまで取り上げてきた低分子量の化合物とはいくつかの異なる性質をもつ．

```
              ┌ 有機高分子化合物 ┬ 天然高分子化合物
高                              │   デンプン，タンパク質，核酸
分                              └ 合成高分子化合物
子                                  ポリエチレン，ナイロン
化            
合            ┌ 無機高分子化合物 ┬ 天然高分子化合物
物                              │   石英，アスベスト（石綿）
                                └ 合成高分子化合物
                                    ゼオライト，シリコーン樹脂
```

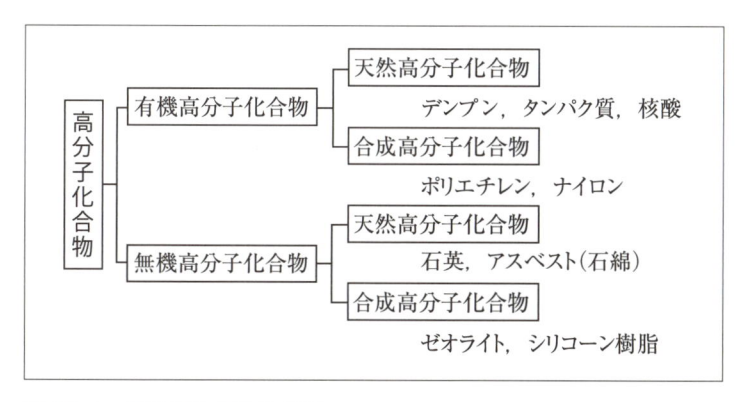

図 12.1　高分子化合物の分類

12.1　高分子化合物の構造

　一般に，高分子化合物のくり返し単位となる低分子量の化合物を単量体あるいはモノマーといい，そのくり返しの数を重合度という．また，生成した高分子化合物は重合体あるいはポリマーとよばれる．単量体から重合体ができる反応を重合といい，付加重合と縮

合重合がある．たとえばポリエチレンは，エチレン分子を単量体として付加重合で合成された高分子である．また，**デンプン**は，単量体であるグルコースから分子間で水が脱離して縮合重合したポリマーである．

高分子化合物には，おもに炭素原子が形成する骨格をもつ**有機高分子化合物**が圧倒的に多い．しかし，なかにはケイ素と酸素原子が骨格を形成している**無機高分子化合物**もある．さらに高分子化合物は自然界に存在する**天然高分子化合物**と人工的に合成された**合成高分子化合物**に分類される．本章ではとくに天然高分子化合物を取り上げる．

高分子は回転可能なC-C結合で連結した長大な分子であり，毛糸のように自由に曲がる．しかし，高分子はいつも1分子だけで存在するわけではない．ほとんどの場合は無数の分子が集合した状態でいる．このような場合には分子間に分子間力がはたらき，互いに運動や姿勢を抑制しあう．その結果，高分子は数種類の立体構造が集まった規則的な**立体構造**をとることになる．このような立体構造を**高次構造**という．

2次構造

立体構造の基本ブロックを**2次構造**という．このような構造には多くの種類があるが，まったく規則性のない**ランダム構造**と，ある程度規則性のある折りたたみ構造と**らせん構造**がある．

タンパク質の2次構造としては**αヘリックス**と**βシート**がある．これは，ポリペプチド鎖中のカルボニル酸素とアミノ基の間の水素結合により形成される規則正しいくり返し構造で，αヘリックスは，1本の**ポリペプチド鎖**を形成している**ペプチド結合**どうしが互いに**水素結合**を生じ，1残基0.15 nmの高さ，3.6アミノ酸残基で1回りするらせん状の構造を形成する．βシートは2本のポリペプチド鎖がカルボニル酸素とアミノ基との間の水素結合によって固定された構造である．

図12.2　ポリペプチドのβ構造（平行型）
　　　　…は水素結合を示す

また，デンプンなどもらせん構造であり，このらせん中にヨウ素分子を取り込むことによって発色する現象が**ヨウ素デンプン反応**である．

12.2 天然高分子化合物

生体を構成している主要な物質は，ほとんどが高分子化合物である．代表的な天然高分子化合物として，食料品や衣類としてわれわれの生活に関わりの深い糖類，生体内の**代謝**など生命活動を支える**タンパク質**，遺伝子として生命の維持に必須な**核酸**などがある．

糖類

われわれの食料として重要なデンプンや，植物の繊維の主成分である**セルロース**は，**グルコース** $C_6H_{12}O_6$（図 12.3）を単量体とする天然高分子化合物である．これらのように，自然界に存在する炭素，水素，酸素からなる高分子化合物を，その構成単位となる単量体も含めて糖類という．**糖類**には分子式 $C_m(H_2O)_n$ の一般式で表されるものが多く，**炭水化物**ともよばれる．

デンプンを希塩酸と加熱すると，加水分解されてグルコースになる．グルコースのように，これ以上加水分解できない糖類を**単糖類**という．単糖類は分子間で水が脱離して縮合するが，2個の単糖類が縮合生成したものを**二糖類**，多数の単糖類が縮合重合したものを**多糖類**という．デンプンやセルロースは代表的な多糖類である（図 12.4）．

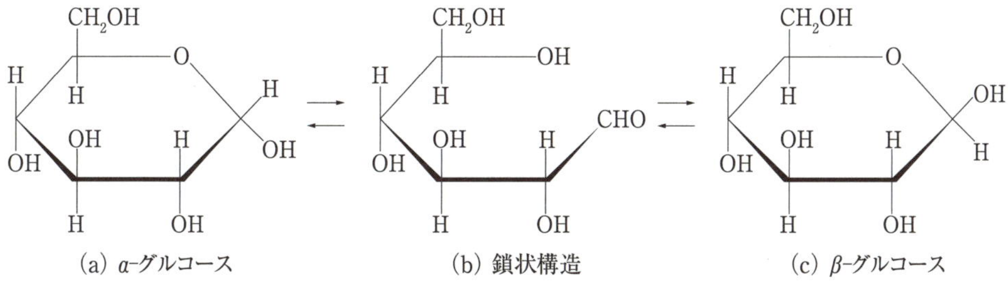

図 12.3　グルコースの異性体

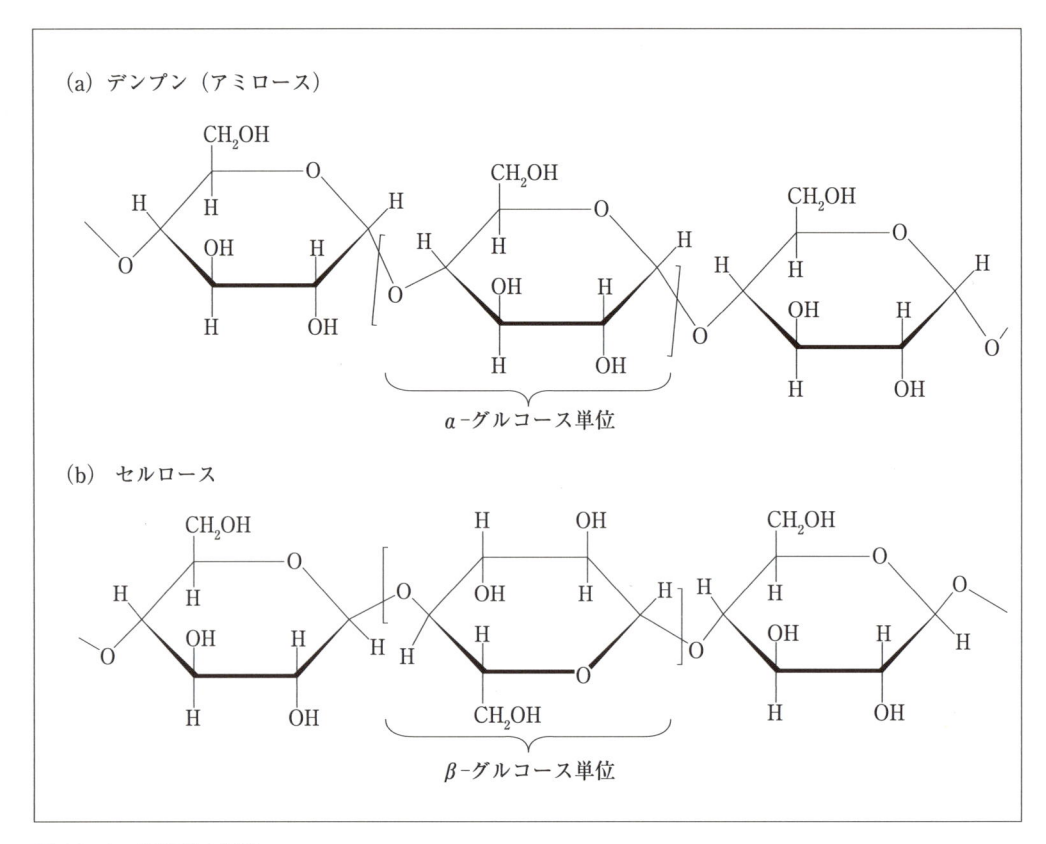

図 12.4　多糖類の構造

12.3　合成高分子と環境問題

　合成高分子の原料はほとんどが**化石燃料**であり，採掘された原油の数％が高分子材料として使用されている．高分子材料には長所と短所がある．高分子材料の長所は，軽く，木材や金属のように腐ったりさびたりすることがないため，使用環境を気にすることなく，とても使いやすい点である．しかし，長所は短所ともなる．木材や金属材料で作られた製品は，その使命を終了したあと，腐敗したり，さびることによって分子・原子レベルで自然へと還元される．しかし，**合成高分子**は人工的に作られた物質なのでそのようなことがない．そのため，捨てられたあとも，自然界でいつまでも分解されないで残ってしまうといった問題点がある．

第 12 章　演習問題

1. 次の語句を説明せよ．
   ① 高分子化合物
   ② 糖類
   ③ 多糖類

2. 分子量 195 万のセルロースは何個の β-グルコース単位から構成されているか．有効数字 3 桁で答えよ．原子量は H＝1，C＝12，O＝16 とする．

3. 1 種類のモノマーから付加重合によって合成されたポリマーの平均分子量は 63,000，重合度は 1,500 であった．モノマーの分子量を求めよ．

4. 高分子であるポリエチレンテレフタレート（PET）はテレフタル酸とエチレングリコールが縮重合することにより得られる．次の反応式を完成させよ．

$$n\ \text{HOOC}-\!\!\!\bigcirc\!\!\!-\text{COOH} + n\ \text{HO-CH}_2\text{-CH}_2\text{-OH} \xrightarrow{縮重合}$$

5. 次の空欄に適する用語を答えよ．
   合成高分子化合物は，小さな分子を多数結合させてつくられる．もとになる小さな分子を（①）といい，単量体が多数結合する反応を（②）とよぶ．また，重合によって生成する高分子は（③）という．
   合成高分子化合物は，その形や機能によっていくつかに分類される．たとえば，繊維状に加工した合成高分子化合物は（④）であり，樹脂状に加工したものは（⑤）や（⑥）などとよばれる．合成高分子化合物の中にはゴム弾性をもつものもあり，これは（⑦）という．
   合成高分子化合物は単量体の重合反応によって作られるが，この重合反応には炭素間二重結合 C＝C をもつ単量体が次々に付加反応して結合する（⑧）と，単量体間で簡単な分子がはずれながら次々に結合する（⑨）とがある．

第13章

環境と化学

　私たちをとりまく空間を環境という．狭く考えれば室内が環境になるし，広く考えれば宇宙全体が環境になる．環境は物質により構成されているため，物質を扱う学問である化学にとって環境問題は重要な課題である．

　環境を構成する物質で重要なことは，1か所にとどまらず循環することである．すなわち，ある場所で生じた化学物質は環境中を循環し，環境すべてに蔓延し，最終的に私たちの体内に入り，健康に影響を及ぼす．

　膨大なエネルギー消費のうえに成り立つ現代文化は，そのエネルギーの主要成分を化石燃料に頼っている．その結果生じた二酸化炭素は地球温暖化の原因になり，SOx，NOxは酸性雨をもたらす．このような問題を考え，解決するのは化学に課せられた大きな問題である．

13.1　環境と物質の循環

　私たちが住む大地は地殻とよばれる．地殻を構成する元素のうちで多いものは酸素＞ケイ素＞アルミニウム＞鉄であり，私たちはこれらの元素を利用して生活している．

　風が吹き，川が流れるように，環境の物質は循環する．川を流れた水は海に達し，海水は蒸発して大気に混じり，蒸発して雲になり，風に乗って陸に戻る．その後冷却された雲は雨となり，大気を洗いながら山に降り，再び川となって海へ流れる．

　このように，物質は私たちの周りで循環してい

る.環境におけるすべての変化は,めぐりめぐって私たちに影響を及ぼす.

13.2　大気・水・大地と化学

　大気の成分は窒素と酸素が約99％を占めており,そのほかに微量成分が空気中に含まれている.

　二酸化炭素は,動植物の呼吸や,焼き畑など土地利用の変化のほか,セメント生産や化石燃料の燃焼などにより大量に大気に供給され,これが地球を**温暖化**すると考えられている.また,SOx（硫黄酸化物）,NOx（窒素酸化物）は化石燃料の燃焼に基づくものである.**フロン**はもともと天然にはなく,人間が作り出した人工物で,**オゾン層**の破壊の原因となっている.

酸性雨

　雨は大気中の二酸化炭素を吸収し,炭酸 H_2CO_3 となって酸性を示すようになり,その pH は約 5.3 である.したがって,炭酸を吸収し,さらに SOx や NOx が溶解し,pH が 5.3 よりも小さくなった酸性度が強い雨を**酸性雨**という.

　酸性雨は屋外の金属を酸化させ,コンクリートを劣化させて構造物に被害を与える.また,湖沼の酸性を高めて生物に被害を与え,植物を枯らして森林被害を与え,洪水を招くなどの甚大な被害を及ぼす.

　酸性雨の原因となるのは SOx や NOx であることは上述したが,SOx が水に溶ければ強酸の亜硫酸 H_2SO_3 となり,NOx が水に溶ければ同じく強酸の硝酸 HNO_3 となる（図 13.1）.

$$CO_2 + H_2O \longrightarrow H_2CO_3 \quad 炭酸$$
$$SO_2 + H_2O \longrightarrow H_2SO_3 \quad 亜硫酸$$
$$N_2O_5 + H_2O \longrightarrow 2HNO_3 \quad 硝酸$$

図 13.1　酸性雨

$$CCl_3F \longrightarrow CCl_2F\cdot + Cl\cdot$$
$$Cl\cdot + O_3 \longrightarrow OCl\cdot + O_2$$
$$OCl\cdot + O_3 \longrightarrow 2O_2 + Cl\cdot$$

図 13.2 オゾン破壊の化学式
　　　　Cl・は塩素原子のことで，・は不対電子を表す．

オゾン層の破壊

　地球には宇宙から有害な宇宙線が差し込んでいる．この宇宙線から私たちを守ってくれているのがオゾン層である．オゾンの濃度が低くなると地表に到達する有害な紫外線が増加し，この影響を受けて皮膚がんの発生率が増えているといわれている．

　オゾン層の破壊*はフロンによる化学反応が原因で起こる（図 13.2）．フロンは炭素，塩素，フッ素などからできた化合物であり，天然には存在せず，人工的に作り出した化合物である．フロンはエアコンの冷媒，精密電子部品の洗浄溶媒などとして大量に使用されたが，環境に影響があることが知られた現在では，製造と使用は控えられている．
（*南極のオゾンホールは，南極の寒冷化（温度の低下）により生成するという説が提唱されている．）

土壌汚染

　大地は私たちの住む場所であり，作物を育てる非常に重要な場所であるが，この大地にもさまざまな化学物質が紛れ込んでいる．

　電子部品の洗浄やドライクリーニングの洗浄剤として使われた有機塩素化合物は，廃棄されて土壌中に染み込む．そして，そこから浸出して大気に混じり，健康被害を起こす．社会的問題となったイタイイタイ病は，富山県の神通川に流れ込んだカドミウムが地下水に混じり，流域の土壌中に浸出し，そこで育成された稲などに濃縮され，人々の体内に入り，被害を引き起こした．

　このように，化学物質はあらゆるところに浸出し循環しているが，このような有害物質は，私たち，あるいは私たちが食べている作物や魚などの生物に蓄積され，濃縮されることで健康被害などの影響を与えることがある．

地球温暖化

　今世紀末には年平均気温が3℃ほど上昇し，海水の膨張により海面が50cmほど上昇するという説があるほどに，年々気温が高まりつつあり，温暖化のおもな原因は二酸化炭素による温室効果であるとされている．

　地球には太陽エネルギーが到達するが，大部分は宇宙に放出され，地球の温度は一定に保たれている．しかし，ある種の気体は熱をため込む性質があり，その熱がたまって気温が上昇することになる．このような気体を温室効果ガスという．単位質量の気体が地球温暖化に果たす相対的な効果を表す数値に**地球温暖化指数**がある（表13.1）．二酸化炭素の温暖化指数は1で，メタンの26に比べて低いが，環境中の濃度が年々増加することが問題であるとし，世界的規模で二酸化炭素の発生量を削減するため，1997年に議決されたのが京都議定書である．

表13.1　地球温暖化指数

名称	構造	温暖化指数
二酸化炭素	CO_2	1
メタン	CH_4	26
オゾン	O_3	204
フロン11	CCl_3F	4500

第13章　演習問題

1. 次の空欄に適する用語または数値を下記より選んで答えよ．
   雨は大気中の（①）を吸収し，炭酸 H_2CO_3 となって（②）性を示すようになり，そのpHは約（③）である．さらに（④）や（⑤）が溶解し，pHが（③）よりも（⑥）なり酸性雨ができる．

   一酸化炭素　　二酸化炭素　　酸素　　酸　　塩基　　中
   8.3　　7.0　　5.3　　COx　　SOx　　NOx　　大きく　　小さく

2. 南極のオゾンホールが生成する原因についてフロンのほかに考えられることを述べよ．

3. 次の空欄に適する用語または数値を答えよ．
   気温は，地球に到達した太陽エネルギーがある種の気体により吸収されることによって上昇する．このように熱をためこむ性質をもつ気体を（①）という．単位質量の気体が地球温暖化に果たす相対的な効果を表す数値に（②）がある．二酸化炭素の（②）はメタンに比べて 1/（③）と低いが，環境中の濃度が年々増加することが問題であるとし，1997年に（④）が議決された．

4. 下記の文章について間違っているものを1つ選べ．
   ① 植物を燃やして発生する二酸化炭素の量は自然界においてプラスマイナス0である．
   ② 石油を燃焼すると二酸化炭素は純増である．
   ③ 地球温暖化のおもな原因はメタンガスであると考えられている．
   ④ 海中に溶けた有害物質は生物の食物連鎖により濃縮されることが多い．

演習問題　模範解答

第 1 章

問 1

① 原子：物質を構成する基本的な粒子であり，正電荷をもつ原子核と核外を回る負電荷をもつ電子からなる．
② 質量数：原子核中の陽子数と中性子数の和．
③ 単体：1種類の元素からなるもの．
④ 同位体：陽子数が等しくて中性子数の異なるものどうし．
⑤ 同素体：同じ元素からなるが，性質が異なる単体をいう．
⑥ 化合物：2種類以上の元素からなる．

問 2

・ダイヤモンドと黒鉛（およびフラーレン C_{60}）
・黄リンと赤リン
・酸素とオゾンほか

問 3

① 混合物　② 単体（炭素）　③ 化合物（窒素，水素）　④ 単体（酸素）
⑤ 混合物　⑥ 単体（酸素）　⑦ 化合物（炭素，酸素）　⑧ 単体（炭素）
⑨ 化合物（水素，酸素）　⑩ 混合物

問 4

①正　②負　③電子　④陽子　⑤中性子　⑥質量　⑦原子番号

問 5

①

	陽子数	中性子数	電子数
^{35}Cl	17	18	17
^{37}Cl	17	20	17

② $^{35}Cl^{35}Cl$　　$^{35}Cl^{37}Cl$　　$^{37}Cl^{37}Cl$

③ $\{35x + 37(100 - x)\} \div 100 = 35.5$　　$x = 75(\%)$

問6

① ○
② ○
③ ×
④ ×

問7

	陽子	中性子	電子
$^{6}_{3}$Li	3	3	3
$^{7}_{3}$Li	3	4	3

問8

① ^{30}Si, ^{31}P, ^{32}S
② ^{38}Ar, ^{39}K, ^{40}Ca, ^{39}Ar, ^{40}K

第2章

問1

① アンモニアの分子量は $14 + 1.0 \times 3 = 17$
   分子1個の質量は $17/(6.02 \times 10^{23}) = 2.8 \times 10^{-23}$ (g)
② $3.8 \times 10^{-23} \times 6.02 \times 10^{23} ≒ 23$
③ $14/17 \times 100 ≒ 82$ (%)

問2

① A, a
② B, b
③ C, c
④ D, d
⑤ E, e

問3

① $2C_2H_2 + 5O_2 \longrightarrow 4CO_2 + 2H_2O$
② $7.5\,dm^3$

③ $2.0\,dm^3$

④ $9.5\,dm^3$

$$\begin{array}{ccccc} & 2C_2H_2 & +\ 5O_2 & \longrightarrow & 4CO_2 & +\ 2H_2O \\ \text{燃焼前} & 1.0 & 10 & & 0 & 0 \\ \text{燃焼後} & 0 & 10-1.0\times(5/2)=7.5 & & 2.0 & \text{液体} \end{array}$$

問4

① $1,000 \times 1.8 \times (98/100) \times (1/98) = 18\,mol/dm^3$

② $18 \times (x/1,000) = 0.10 \times (500/1,000)$
   $x = 2.77\,cm^3$

問5

$0.5 \times 4 = 2\,mol$

$H_2 = 2$ より $\quad 2 \times 2 = 4\,g$

問6

① $(2.8/28) \times 22.4 = 2.24\,dm^3$

② $(2.8/28) \times 3 \times 2 = 0.60\,g$

③ $(2.8/28) \times 2 \times 17 = 3.4\,g$

④ $(2.8/28) \times 2 \times 22.4 = 4.48\,dm^3$

⑤ $(2.8/28) \times 3 \times 22.4 = 6.72\,dm^3$

よって残った水素は $10 - 6.72 = 3.28\,dm^3$

第3章

問1

① 物質を構成している元素の種類とその原子の数の比によって表現したもの．

② 分子を構成する原子の種類と数を表したもの．

③ 1組の共有電子対を1本の直線で表して，分子の中の原子の結合状態を示した式．

問2

(a) CH₃   (b) CH₂   (c) CH   (d) CH₄O   (e) CH₂O

(f)
```
    H H
    | |
H - C-C - H
    | |
    H H
```

(g)
```
H      H
 \    /
  C=C
 /    \
H      H
```

(h) H−C≡C−H

(i)
```
    H
    |
H - C-O-H
    |
    H
```

(j)
```
    H
    |
H - C-C-O-H
    ||
    H O
```

問3

① 不斉炭素原子

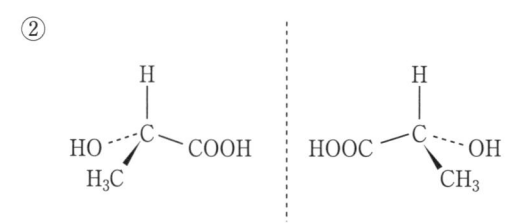

②
```
    H                  H
    |                  |
HO⋯C−COOH    HOOC−C⋯OH
    |                  |
   H₃C                CH₃
```

問4

	Ca^{2+}	Al^{3+}
OH^-	$Ca(OH)_2$ 水酸化カルシウム	$Al(OH)_3$ 水酸化アルミニウム
SO_4^{2-}	$CaSO_4$ 硫酸カルシウム	$Al_2(SO_4)_3$ 硫酸アルミニウム
PO_4^{3-}	$Ca_3(PO_4)_2$ リン酸カルシウム	$AlPO_4$ リン酸アルミニウム

問5

① HO

② H_2O_2

③ H–O–O–H

第4章

問1

① ボーアの原子モデルのそれぞれの軌道に割り当てられた量子数で，原子核と電子の間のおおよその距離を表している．
② 殻を構成している軌道を分類するもので，軌道の形を表している．
③ 副量子数で表される軌道をさらに細分化したもので，軌道の方向を表している．
④ 電子は自身の軸のまわりで回転運動を行っており，この電子の回転の方向を表したものがスピン量子数である．

問2

副量子数は $l=0, 1, 2, 3, 4$ の5種類が存在する．またそれぞれの副量子数に対して，$l=4$ のとき磁気量子数 $m=-4, -3, -2, -1, 0, 1, 2, 3, 4$ の9種類，$l=3$ のとき $m=7$，$l=2$ のとき $m=5$，$l=1$ のとき $m=3$，$l=0$ のとき $m=1$ となり，2種類のスピン量子数↑，↓をあてはめると，合計50種類存在する．

問3

① a) $n=1, l=0$ b) $n=6, l=0$ c) $n=2, l=1$
  d) $n=3, l=2$ e) $n=4, l=3$
② a) 2 b) 2 c) 6 d) 10 e) 14

問4

① 0, 1 の2種類
② 0 → 0   1種類 ⎫
  1 → -1, 0, 1 3種類 ⎬ 4種類
③ 8個

問5

5s, 5p, 5d, 5f, 5g

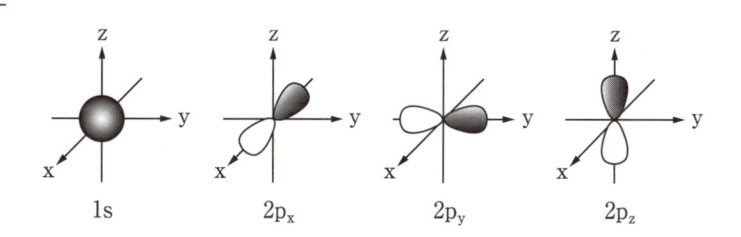

問6

1s	2p$_x$	2p$_y$	2p$_z$

第5章

問1

① n, l, m で決まる各軌道には,スピンの異なる2個の電子しか入らない.

② 同じ形の縮退した軌道がいくつかあるとき,電子は初め対を作らないで1個ずつ詰まっていく.そして同じ形の軌道の全部に1個ずつ電子が入り終わったあと,2個目の電子がスピンを逆にしながら詰まっていく.

問2

① $_{10}$Ne : $1s^2 2s^2 2p^6$
② $_{16}$S : $1s^2 2s^2 2p^6 3s^2 3p^4$
③ $_{20}$Ca : $1s^2 2s^2 2p^6 3s^2 3p^6 4s^2$
④ $_{24}$Cr : $1s^2 2s^2 2p^6 3s^2 3p^6 3d^5 4s^1$
⑤ $_{12}$Mg : $1s^2 2s^2 2p^6 3s^2$
⑥ $_{27}$Co : $1s^2 2s^2 2p^6 3s^2 3p^6 3d^7 4s^2$
⑦ $_{53}$I : $1s^2 2s^2 2p^6 3s^2 3p^6 3d^{10} 4s^2 4p^6 4d^{10} 5s^2 5p^5$

問3

① $1s^2 2s^2 2p^4$　　　　不対電子数:2
② $1s^2 2s^2 2p^6$　　　　不対電子数:0
③ $1s^2 2s^2 2p^6 3s^2 3p^4$　　不対電子数:2
④ $1s^2 2s^2 2p^6 3s^2 3p^6 4s^2$　不対電子数:0

問4

[例]

$_5$B　2p ↑ ― ―　　　　$_7$N　2p ↑ ↑ ↑
　　2s ↑↓　　　　　　　　　2s ↑↓
　　1s ↑↓　　　　　　　　　1s ↑↓

問5

Ni の電子配置に電子1個を付け加えることによって Cu の電子配置を完成させようとすると,3d 電子を9個にすることが考えられる.4s 軌道が充填されたあとの 3d の充填では,電子が入るたびに 3d 順位の平均エネルギーは低くなる.これは,

原子番号の増加とともに各電荷も増加するが，新しく入る3d電子に対して他の3d電子が各電荷を部分的にしか遮蔽しないためである．3d軌道のエネルギーは軌道の充填とともに徐々に減少し，遷移系列の終わり近くでは4sの順位よりも下になる．さらに，$3d^{10}4s^1$配置が球対称に分布した電子密度をもつことである．これは全充塡または半充塡軌道に特徴的な安定な配置である．他方，$3d^9 4s^2$配置は3d軌道に空席をもち，これが対称性と安定性を低下させている．

第6章

問1

① イオン結合：原子が電子の授受によって閉殻構造のイオンになったうえ，陽イオンと陰イオンの静電的な引力によってできる結合．

② 共有結合：2つの原子が電子を1個ずつ出し合い，その2個の電子を2つの原子が共有することによって作られる．

③ 金属結合：外殻の少数の電子が多数の原子の間を動き回ってできる不完全な共有結合．

④ 分極：それぞれの結合で電気陰性度が大きい原子のほうに電子対が引きつけられ，電子を引きつけた原子がδ^-に，もう一方の原子はδ^+になること．

問2

①

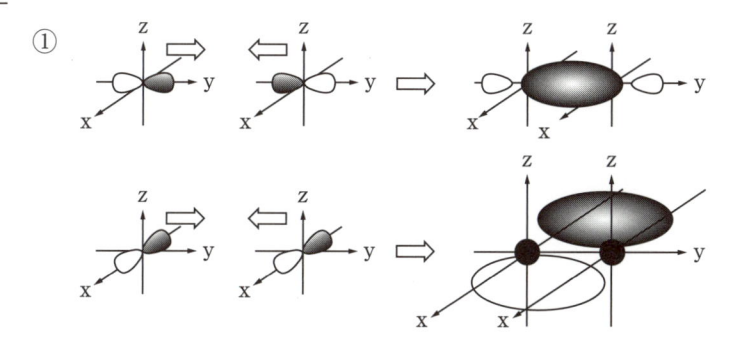

② 2つのp_y軌道が接近して形成される結合はσ結合，2つのp_x軌道が接近して形成される結合はπ結合とよばれる．

問 3

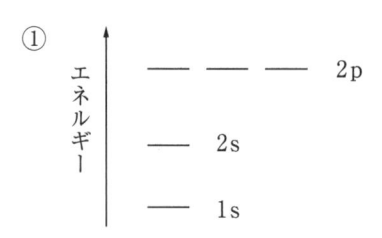

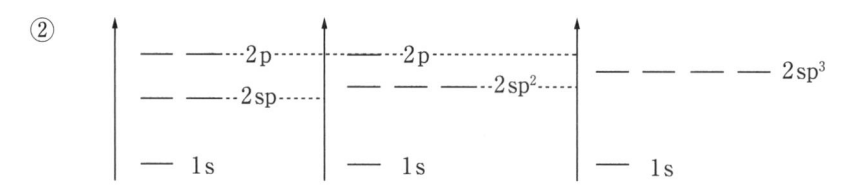

① エネルギー軸上に、下から 1s、2s、2p（3本）のエネルギー準位図.

② 3つのエネルギー準位図（sp混成、sp^2混成、sp^3混成）:
- 左: 1s、2sp（2本）、2p（2本）
- 中: 1s、$2sp^2$（3本）、2p（1本）
- 右: 1s、$2sp^3$（4本）

③ sp, sp^2, sp^3 混成軌道はそれぞれ 2 個，3 個，4 個の軌道からなる．

問 4

式に $D_{AA} = D_{H_2} = 436$ kJ/mol，$D_{BB} = D_{F_2} = 156$ kJ/mol，$D_{AB} = D_{HF} = 563$ kJ/mol を代入すると

$|X_A - X_B| = [1/96.485\ (563 - 1/2 \times 436 - 1/2 \times 156)]^{1/2}$

$|X_A - X_B| = \sqrt{2.77} = 1.66$

$X_F = 4.00$ より

$X_F - X_H = 4.00 - X_H = 1.66$ であり，$X_H = 2.34$ となる．

問 5

σ 結合：②，④   π 結合：①，③

問 6

原子 A と原子 B の電気陰性度の差が小さいとき A–B 結合の共有結合性が高くなり，電気陰性度の差が大きいとき A–B 結合のイオン結合性が高くなる．

問 7

双極子モーメント μ を求めると，

μ Cm = qC × Lm = 1.602×10^{-19} C × 1.60×10^{-10} m = 2.563×10^{-29} Cm．

この値と，実測の双極子モーメントの値との比がイオン性なので，

イオン性 = 1.964×10^{-29} Cm / 2.563×10^{-29} Cm = 0.766   76%

問 8

Na$^+$ > Mg^{2+} > Al^{3+}

問 9

(a) $\overset{\delta+}{\text{H}}-\overset{\delta-}{\text{F}}$ (b) $\text{H}_3\overset{\delta+}{\text{C}}-\overset{\delta-}{\text{O}}\text{H}$ (c) $\overset{\delta+}{\text{H}}-\overset{\delta-}{\text{NH}_2}$

(d) $(\text{CH}_3)_2\overset{\delta+}{\text{C}}=\overset{\delta-}{\text{O}}$ (e) $\text{CH}_3\overset{\delta-}{\text{O}}-\overset{\delta+}{\text{H}}$

問 10

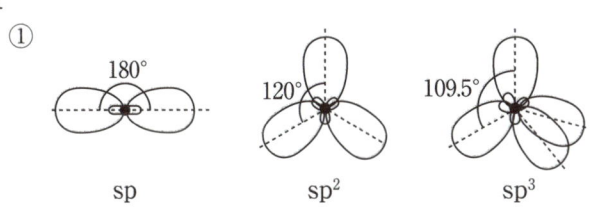

①

sp（180°）   sp^2（120°）   sp^3（109.5°）

② 電子対どうしの間には静電的な反発が起こり，その反発の大きさは（非共有電子対—非共有電子対）＞（非共有電子対—共有電子対）＞（共有電子対—共有電子対）の順である．H$_2$O 分子の O 原子には 2 つの非共有電子対 2 つの共有電子対が存在する．この非共有電子対—非共有電子対，非共有電子対—共有電子対の間の反発が共有電子対－共有電子対の間の反発力を上回るために，H-O-H 角が 109.5°よりも小さくなる．また，NH$_3$ 分子には 1 つの非共有電子対と 3 つの共有電子対が存在するため，同様の理由により H-N-H 角が 109.5°よりも小さくなる．

第 7 章

問 1

条件 ＜理由＞

・濃度 ＜反応物の濃度（気体は分圧）を大きくすると，単位時間あたりの反応物粒子の衝突回数が増えるため＞

・温度 ＜温度が高くなると，反応に必要な活性化エネルギー以上のエネルギーをもつ分子の割合が増加するため＞

・触媒 ＜触媒は活性化エネルギーの小さい，別の反応経路をつくる＞

問2

① 生成熱

② a) $C + O_2 = CO_2 + 394 kJ$
　b) $HCl + NaOH = NaCl + H_2O + 56 kJ$

③ 水素1gで143kJの熱が発生 → 水素1mol（2g）のときは
　$143 \times 2 = 286 kJ$ 〔$H_2 + 1/2 O_2 = H_2O$（液）$+ 286 kJ$〕

問3

①×2 +②×3 −③より

$2C + 3H_2 + 1/2 O_2 = C_2H_5OH + 278 kJ$

問4

① 左
② 右
③ 左

問5

密閉した容器内で化学反応が起こり，十分に時間が経過すると，正反応の反応速度と逆反応の反応速度が等しくなり，見かけ上，化学反応が停止した状態となる．このとき反応物と生成物の濃度，温度が一定となる．

問6

$K = [C]^c[D]^d / [A]^a[B]^b$

問7

原理：ある可逆反応が化学平衡にあるとき，濃度，圧力，温度の条件を変化させると，その変化を和らげるような方向に反応が進み，新しい平衡状態に達する．

① ［左］　　　※NO_2が減少する向きに移動
② ［左］　　　※体積を減らす向きに移動
③ ［右］　　　※吸熱の向きに移動
④ ［変化なし］　※V, T一定で，N_2O_4, NO_2の圧力が不変なので
⑤ ［変化なし］　※反応速度は大きくなるが平衡の移動には関係しない

問 8

①

A + B ⟶ E + F の反応速度は $k[A][B]$ で表される．この素反応の速度が他の律速段階よりきわめて遅いと，この反応の速度が全体の速度に等しくなる．

第 8 章

問 1

① CH₃COONa + H₂O ⇌ CH₃COOH + NaOH
　　塩基　　　酸　　　　　酸　　　　塩基

② NH₄⁺ + H₂O ⇌ NH₃ + H₃O⁺
　　酸　　塩基　　　塩基　　酸

問 2

	酸	塩基
アレニウスの定義	水溶液中でH⁺を生じる物質	水溶液中でOH⁻を生じる物質
ブレンステッドの定義	H⁺を放出する物質	H⁺を受け取る物質
ルイスの定義	電子対を受け取れるもの	電子対を与えられるもの

問 3

$pK_b = 4.8$ より $K_b = 10^{-4.8} = 1.6 \times 10^{-5}$ dm³/mol

$K_b = C\alpha^2$ から $\alpha = (K_b/C)^{1/2} = 2.8 \times 10^{-2}$

$[OH^-] = C\alpha = 0.020 \times 2.8 \times 10^{-2} = 5.6 \times 10^{-4}$ mol/dm³

問 4

① CH₃COOH + H₂O = CH₃COO⁻ + H₃O⁺
　　酸　　　　　　　　塩基
　　　　　　塩基　　　　　　　　　酸

② 2H₂O + CO₂ = HCO₃⁻ + H₃O⁺
　　　　酸　　　　塩基
　　塩基　　　　　　　　　　酸

③　HOAc + NH₃ = OAc⁻ + NH₄⁺
　　酸 ┗━━━━┛ ┗━━━━┛ 塩基
　　　　塩基 ┗━━━━━━━━━┛ 酸

④　HCO₃⁻ + H₂O = CO₃²⁻ + H₃O⁺
　　酸 ┗━━━━┛ ┗━━━━┛ 塩基
　　　　塩基 ┗━━━━━━━━━┛ 酸

問 5

① $H_2SO_4 \longrightarrow 2H^+ + SO_4^{2-}$

② $Ca(OH)_2 \longrightarrow Ca^{2+} + 2OH^-$

③ $HNO_3 \longrightarrow H^+ + NO_3^-$

④ $CH_3COOH \longrightarrow CH_3COO^- + H^+$

⑤ $KOH \longrightarrow K^+ + OH^-$

⑥ $Ba(OH)_2 \longrightarrow Ba^{2+} + 2OH^-$

酸	① H_2SO_4　③ HNO_3　④ CH_3COOH
塩基	② $Ca(OH)_2$　⑤ KOH　⑥ $Ba(OH)_2$

第 9 章

問 1

| ① <u>C</u>：+3 | ② <u>N</u>H₄：−3　<u>N</u>O₃：+5 | ③ <u>Mn</u>：+7 |

問 2

(a) N (+Ⅰ → +Ⅰ), (b) N (−Ⅲ → −Ⅲ), (c) N (+Ⅳ → +Ⅳ),
(d) O (−Ⅰ → 0), (e) R (−Ⅰ → −Ⅱ), (f) O (0 → +Ⅰ),
(g) N (+Ⅵ → +Ⅵ)

問 3

① $Cu^{2+}(aq) + H_2(g) \longrightarrow Cu(s) + 2H^+(aq)$
　　$Cu^{2+}(aq)$が$H_2(g)$によって還元され，$H_2(g)$が$Cu^{2+}(aq)$によって酸化された．

② $2Ba(s) + O_2(g) \longrightarrow 2BaO(s)$
　　$Ba(s)$が$O_2(g)$によって酸化され，$O_2(g)$が$Ba(s)$によって還元された．

③ $Cu^{2+}(aq) + Zn(s) \longrightarrow Cu(s) + Zn^{2+}(aq)$

$Cu^{2+}(aq)$ が $Zn(s)$ によって還元され，$Zn(s)$ が $Cu^{2+}(aq)$ によって酸化された．

問 4

① $Cu(s) | Cu^{2+}(aq) || H^+(aq) | H_2(g) | Pt(s)$
② 左側の電極：$Cu(s) \longrightarrow Cu^{2+}(aq) + 2e^-$
　右側の電極：$2H^+(aq) + 2e^- \longrightarrow H_2(g)$
③ $Cu(s) + 2H^+(aq) \longrightarrow Cu^{2+}(aq) + H_2(g)$

第10章

問 1

① 一定体積の混合気体は，個々の成分気体が同じ体積で示す圧力（分圧）に等しい．
② 一定温度における純溶媒の蒸気圧を P_0, 溶液の蒸気圧を P, 溶媒および溶質のモル数を n_0, n_1 とすると，$(P_0 - P)/P_0 = n_1/(n_0 + n_1)$ が成立する．
③ 濃度の異なる2つの溶液の境界に半透膜を置くと，溶媒は半透膜を通って，濃度の高い溶液のほうへ拡散していく．

問 2

$$\left(P + \frac{n^2 a}{V^2}\right)(V - nb) = nRT, \qquad P = \frac{nRT}{V - nb} - \frac{n^2 a}{V^2}$$

上式に数値を入れると

$$P = \frac{(7.00\,\text{mol})(0.08205\,\text{dm}^3 \cdot \text{atm} \cdot \text{K}^{-1} \cdot \text{mol}^{-1})(348\,\text{K})}{11.3\,\text{dm}^3 - (7.00\,\text{mol})(3.71 \times 10^{-2}\,\text{dm}^3 \cdot \text{mol}^{-1})}$$

$$- \frac{(7.00\,\text{mol})^2 (4.17\,\text{atm} \cdot (\text{dm}^3)^2 \cdot \text{mol}^{-2})}{(11.3\,\text{dm}^3)^2}$$

$$= 18.10 - 1.60 = 16.50\,\text{atm} \fallingdotseq 16.5\,\text{atm}$$

理想気体と考えると

$$P = \frac{nRT}{V} = \frac{7.00 \times 0.08205 \times 348}{11.3} = 17.69\,\text{atm} \fallingdotseq 17.7\,\text{atm}$$

問3

ブドウ糖（$C_6H_{12}O_6$）の分子量 = 180．必要なブドウ糖を w g とする．$n = w/180$

$\Pi V = nRT$

$7.5 \times 2 = (w/180) \times 0.082 \times (273 + 37)$ $w = 106$ g

問4

$2r_{Au} = a \times (\sqrt{2}/2)$

$r_{Au} = 0.408$ nm $\times (\sqrt{2}/2) \div 2 = 0.144$ nm

問5

①

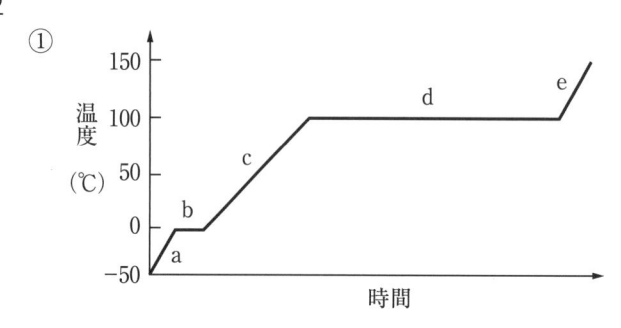

② 5.1 atm 以上の圧力で加熱する．

③ 加圧する．

問6

	A群	B群	C群	D群
①	エ	カ	サ	b, d
②	ア	キ	ケ	f, h
③	イ	ク	シ	a, g
④	ウ	オ	コ	c, e

問7

① $K_b = (8.314 \times 319.5^2) / (1000 \times (26.78 \times 10^3/76)) = 2.41$ K·kg·mol^{-1}

② $K_b = (8.314 \times 351.5^2) / (1000 \times (38.58 \times 10^3/46)) = 1.22$ K·kg·mol^{-1}

問8

原子の半径を r とすると $2r = 1/2(a\sqrt{2})$ が成り立つ．また，立方体には4個の金属原子が含まれるので，その体積は $4(4\pi r^3/3)$ となり，r にこの値を代入すると

$\pi a^3/3\sqrt{2}$ と表される．したがって，充填密度 = 4 個の金原子の体積/立方体の体積 = $(\pi a^3/3\sqrt{2})/a^3 = 0.742$ となり，74%である．

問 9

$\Delta T_f = k_m C_m$ より，$\Delta T_f = 2 \times 1.86 = 3.72 \,\mathrm{K}$．
$273.15 - 3.72 = 269.43 \,\mathrm{K}$ となり，269.43 K（−3.72℃）である．

問 10

ボイル＝シャルルの法則より，PV/T が一定であることから，
$101.32 \times (10/(273.15 + 10)) = 50.00 \times (V/(273.15 + 20))$
$V = 20.98 \,\mathrm{dm}^3$ となる．

第11章

問 1

① 物質の特性を発現する原子団
② 最外殻電子が 6 個で最外殻の電子が 2 個不足しており，多くの場合，プラスの電荷をもつ．電子が集まった場所（共役系の π 電子の密度が高いところなど）を攻撃する．
③ 結合に関与していない電子対（非共有電子対）をもち，マイナスに帯電していることも多い．電子不足の場所を攻撃する．

問 2

① 電子吸引性の M 効果は，o-位，p-位にプラス電荷をつくりだし，求電子反応を起こりにくくする．したがって，M 効果の及ばない m-位で反応する．
② I 効果などで m-位も少しプラスになるので，置換基のない場合に比べて反応が困難になる．（反応させるためには高い温度と強い試薬が必要）．

問 3

CH₃CH₂CH₂CH₂CH₂CH₃   CH₃CH₂CH₂CHCH₃
                                            |
                                           CH₃

問 4

① 炭素原子を含む化合物
② 有機化合物以外の化合物

問 5

鎖式不飽和アルコールが 3 種類（a〜c），鎖式不飽和エーテルが 1 種類（d），環式アルコールが 1 種類（e），酸素原子を環に含む脂環式エーテルが 2 種類（f, g），および脂肪族アルデヒド（h）と脂肪族ケトン（i）の計 9 種類の構造異性体が存在する．

(a) $CH_2=CHCH_2OH$ (b) $CH_2=C-CH_3$ (c) $CH_3CH=CHOH$ (d) $CH_2=CHOCH_3$
                                 $|$
                                 OH

(e) △OH (f) △(CH_3)(O) (g) □O (h) CH_3CH_2CHO (i) CH_3-C-CH_3
                                                                $\|$
                                                                O

問 6

ヒドロキシ基の結合している炭素とそれに隣接している炭素の間に二重結合が形成されるので，生成するアルケンには 2 種類の構造異性体，1-ペンテンと 2-ペンテンが考えられる．さらに 2-ペンテンはシス体とトランス体があるので，生成する可能性があるアルケンは以下の 3 種類である．

$CH_3CH_2CH_2CH=CH_2$ $\begin{matrix} CH_3CH_2 & H \\ \diagdown C=C \diagup \\ H & CH_3 \end{matrix}$ $\begin{matrix} CH_3CH_2 & CH_3 \\ \diagdown C=C \diagup \\ H & H \end{matrix}$

1-ペンテン　　　　2-ペンテン（トランス体）　　　2-ペンテン（シス体）

第12章

問 1

① 分子量が 1 万以上の物質
② 自然界に存在する炭素，水素，酸素からなる高分子化合物
③ 多数の単糖類が縮合重合したもの

問 2

$n = 1.95 \times 10^6 / 162 = 1.20 \times 10^4$

問 3

$M = 63{,}000 / 1{,}500 = 42$

問 4

$$\text{H-O}\underset{\text{O}}{\overset{\|}{-\text{C}}}-\!\!\left\langle\!\!\bigcirc\!\!\right\rangle\!\!-\underset{\text{O}}{\overset{\|}{\text{C}}}\text{-O-CH}_2\text{-CH}_2\text{-O}\Big]_n\text{H} + (2n-1)\text{H}_2\text{O}$$

問 5

① 単量体（モノマー）　② 重合反応　③ 重合体（ポリマー）　④ 合成繊維
⑤ 合成樹脂　⑥ プラスチック　⑦ 合成ゴム　⑧ 付加重合反応
⑨ 縮合重合（縮重合）反応

第13章

問 1

① 二酸化炭素　② 酸　③ 5.3　④ SOx　⑤ NOx　⑥ 小さく

問 2

南極の寒冷化（温度の低下）により生成するという説が考えられる．

問 3

① 温室効果ガス　② 地球温暖化指数　③ 26　④ 京都議定書

問 4

③ おもな原因は二酸化炭素であると考えられている．

参考資料

福間智人:忘れてしまった高校の化学を復習する本,中経出版,2002

坪村 宏・雨宮孝志・堀川理介:検定外高校化学,化学同人,2006

齋藤勝裕:図解雑学 やさしくわかる化学のしくみ,ナツメ社,2006

岸川卓史・齋藤 潔・成田 彰・森安 勝・渡辺祐司:絵ときでわかる基礎化学,オーム社,2007

大野公一・村田 滋・錦織紳一:大学生のための 例題で学ぶ化学入門,共立出版,2005

芝原寛泰・斉藤正治:大学への橋渡し一般化学,化学同人,2006

杉森 彰・富田 功:大学の化学講義―高校化学とのかけはし―,裳華房,2005

齋藤勝裕:ステップアップ 大学の総合化学,裳華房,2008

小島一光:基礎固め 化学,化学同人,2002

平尾一之・田中勝久・中平 敦・幸塚広光・滝澤 博:演習無機化学 基本から大学院入試まで,東京化学同人,2005

熊懐稜丸・安藤 章:有機化学の基礎づくり,化学同人,1994

佐巻健男:基礎化学12講,化学同人,2008

大野公一・妹尾 学・今任稔彦・高木 誠・福田 豊・池田 功:化学入門,共立出版,1997

J. L. Rosenberg, L. M. Epstein(一國雅巳 訳):マグロウヒル大学演習 一般化学,オーム社,1995

索　引

●あ行
アボガドロ定数 ………… 9, 10
アボガドロの法則 ………… 8
アミノ基 ………………… 71
アルキル基 ……………… 71
アルケン ………………… 72
αヘリックス …………… 76
アレニウスの定義 ……… 46

イオン …………………… 13
イオン化エネルギー …… 34
イオン化傾向 …………… 57
イオン結合 ………… 34-36
イオン結晶 ……………… 14
イオン式 …………… 13, 14
遺伝子 …………………… 76
陰イオン ………………… 13

運動エネルギー ………… 40

液体 ………………… 63, 64
塩化物イオン …………… 13
塩基 ……………………… 46
塩基性 ……………… 46, 51
円軌道 …………………… 19

オゾン層 ………………… 81
o-体 ……………………… 72
温暖化 …………………… 81

●か行
外殻電子 ………………… 31
回転運動 ………………… 19
化学変化 ………………… 59
化学反応式 …………… 7, 8
化学平衡 …………… 42, 43

可逆反応 ………………… 42
核酸 ……………………… 76
化合物 …………………… 2
加水分解 ………………… 48
化石燃料 ………………… 78
活性化エネルギー …… 39-41
活性化状態 ……………… 39
価電子 …………………… 26
価標 ……………………… 16
還元 ………………… 54-56
還元剤 …………………… 56
還元反応 ………………… 56
環式化合物 ……………… 70
官能基 …………………… 70

気体反応の法則 ………… 8
起電力 …………………… 59
軌道 ……………………… 18
逆反応 …………………… 42
逆反応速度 ……………… 42
求核電子種 ……………… 73
吸熱反応 ………………… 43
共有電子対 ……………… 35
共役塩基 ………………… 46
共役酸 …………………… 46
強塩基 …………………… 48
強酸 ……………………… 48
共有結合 …………… 30-33
金属結合 …………… 34-36
金属結晶 ………………… 62
金属元素 ………………… 35

グルコース ……………… 77
クロマトグラフィー …… 2
クーロン力 ……………… 34

結晶質 …………………… 62
原子核 …………………… 3
原子番号 ………………… 26
原子量 …………………… 26
元素 ……………………… 26

光学異性体 ……………… 16
高次構造 ………………… 76
合成高分子 ……………… 78
合成高分子化合物 ……… 76
構造異性体 ……………… 72
構造式 …………………… 16
高分子化合物 ……… 75, 76
固体 ……………………… 62
混合物 …………………… 1
混成軌道 …………… 32, 33

●さ行
最外殻電子 ……………… 27
最外殻電子数 …………… 27
再結晶 …………………… 2
最密充填構造 …………… 62
鎖式化合物 ……………… 70
酸 ………………………… 46
酸化 ………………… 54, 56
酸化還元反応 …………… 55
酸化剤 …………………… 56
酸化数 …………………… 55
3価の酸 ………………… 49
酸化反応 ………………… 56
酸化物 …………………… 54
酸化物イオン …………… 13
三重結合 ………………… 16
酸性 ……………………… 51
酸性雨 …………………… 81
酸性塩 …………………… 49

磁気量子数 …………… 19	炭水化物 ……………… 77	●な行
質量数 ………………… 3	単体 …………………… 2	内殻電子 ……………… 31
質量保存則 …………… 8	単糖類 ………………… 77	
脂肪族化合物 ………… 70	タンパク質 …………… 76	2価の酸 ……………… 49
弱塩基 ………………… 49	単量体 ………………… 75	二次構造 ……………… 76
弱酸 …………………… 49		二重結合 ……………… 16
シャルルの法則 ……… 65	置換反応 ……………… 73	二糖類 ………………… 77
周期表 …………… 26, 27	中間体 ………………… 39	
周期律 ………………… 34	抽出 …………………… 2	熱運動 ………………… 41
重合 …………………… 75	中性 …………………… 48	燃焼反応 ……………… 39
重合体 ………………… 75	中性子 ………………… 3	
自由電子 ……………… 36	中和反応 ………… 48, 49	●は行
純溶媒 ………………… 63		π結合 ………………… 72
縮合重合 ……………… 75	定比例の法則 ………… 8	倍数比例の法則 ……… 9
主量子数 ……………… 18	電位差 ………………… 57	パウリの排他律 ……… 19
純物質 ………………… 1	電解質溶液 …………… 59	p-体 ………………… 72
昇華 …………………… 2	電気陰性度 …………… 35	半透膜 ………………… 64
蒸気圧降下 …………… 63	電気エネルギー ……… 59	反応速度 ………… 39-41
触媒 ……………… 41, 42	電極 …………………… 59	反応中間体 …………… 39
蒸留 …………………… 2	電極材 ………………… 57	反応物粒子 …………… 40
浸透圧 ………………… 64	電子 …………………… 3	
	電子殻 …………… 23, 24	pH …………………… 51
水素イオン指数 ……… 51	電子軌道 ………… 21, 24	非局在化 ……………… 72
水素結合 ……………… 76	電子雲 ………………… 30	非金属元素 …………… 35
スピン量子数 ………… 19	電子スピン …………… 19	ヒドロキシル基 ……… 71
	電子対軌道 …………… 30	標準電極電位 ………… 57
正塩 …………………… 49	電子配置 ……………… 19	比例定数 ……………… 65
静電気引力 …………… 31	電池 …………………… 59	
静電気力 ……………… 30	天然高分子化合物 … 76, 77	ファンデルワールスの
正反応 ………………… 42	デンプン ……………… 76	状態方程式 ………… 66
正反応速度 …………… 42	電離 …………………… 49	ファント・ホッフの法則 … 64
セルロース …………… 77	電離定数 ………… 49-51	付加重合 ……………… 75
	電離度 ………………… 49	副量子数 ……………… 19
組成式 …………… 14, 15	電離平衡 ………… 49-51	不対電子 ……………… 30
		不対電子軌道 ………… 31
●た行	同位体 ………………… 4	沸点上昇 ……………… 63
代謝 …………………… 76	等価 …………………… 72	負電荷 ………………… 26
体心立方格子 ………… 63	同族元素 ……………… 27	不飽和化合物 ………… 71
楕円軌道 ……………… 19	同素体 ……………… 2, 3	不飽和結合 …………… 33
多糖類 ………………… 77	糖類 …………………… 77	ブレンステッド・ロー
炭化水素基 …………… 72		リーの定義 ……… 46, 47
単結合 ………………… 16		フロン ………………… 81

分子 …………………… 15	ポリマー ………………… 75	溶質 …………………… 63
分子間力 ………………… 66		ヨウ素デンプン反応 ……… 76
分子式 ……………… 15, 16	●ま行	四重結合 ………………… 33
分離 ……………………… 2	無機化合物 ……………… 70	
平衡 ……………………… 42	無機高分子化合物 ………… 76	●ら行
平衡移動 …………… 42, 43		らせん構造 ……………… 76
平衡状態 ………………… 42	m-体 …………………… 72	ランダム構造 …………… 76
平衡定数 ………………… 42	面心立方格子 …………… 62	
βシート …………………… 76		理想気体 …………… 65, 66
ペプチド結合 …………… 76	モノマー ………………… 75	立体構造 ………………… 76
ベンゼン環 ……………… 72		量子数 …………………… 18
	●や行	両性物質 ………………… 47
ボイルの法則 …………… 65	有機化合物 ……………… 70	
方位量子数 ……………… 19	有機高分子化合物 ………… 76	ル・シャトリエの法則 …… 43
芳香環 …………………… 72		
芳香族化合物 …………… 72	陽イオン ………………… 13	ろ過 ……………………… 2
飽和化合物 ……………… 71	溶液 …………………… 63	六員環構造 ……………… 72
ポテンシャルエネルギー …… 39	陽子 ……………………… 3	六方最密格子 …………… 62
ポリペプチド鎖 ………… 76		

●編著者紹介

宮澤 三雄（Mitsuo Miyazawa）

現職 　国立大学法人奈良先端科学技術大学院大学 客員教授
　　　学校法人近畿大学 名誉教授
　　　公益社団法人日本油化学会 30代会長
　　　香料・テルペンおよび精油化学に関する討論会 代表理事
　　　Executive Editor：*Journal of Oleo Science*
　　　Editor：*Letters in Organic Chemistry*
　　　Editor：*Journal of Essential Oil-Bearing Plants*
　　　Editor：*Journal of Biochemistry and Molecular Biology Research*
　　　Editor：*International Journal of Analytical Chemistry*

専攻 　天然物有機化学，香料化学，化粧品学，生物分子化学

著書 　資源天然物化学，生体分子化学，実験生体分子化学，身近に学ぶ化学の世界，
　　　コスメティックサイエンス─化粧品の世界を知る─（編著・共著，共立出版）
　　　アロマのある空間（監修・共著，日経BP）
　　　油化学辞典─脂質・界面活性剤─，油化学便覧（共著，丸善）
　　　有機工業化学─そのエッセンス─，香りと暮らし（共著，裳華房）
　　　ドラッグストア Q&A，ドラッグストア Q&A Part 2（監修，薬事日報）
　　　テルペン利用の新展開（監修，シーエムシー出版）

身近に学ぶ 化学の世界
Welcome to the World of Chemistry

2009年10月20日　初版1刷発行
2021年 2月20日　初版6刷発行

編著者　宮澤三雄 © 2009
発行者　南條光章
発行所　共立出版株式会社
　　　　〒112-0006
　　　　東京都文京区小日向4-6-19
　　　　電話　03-3947-2511（代表）
　　　　振替口座　00110-2-57035
　　　　www.kyoritsu-pub.co.jp

印　刷
製　本　真興社

検印廃止
NDC 430
ISBN 978-4-320-04384-8

一般社団法人
自然科学書協会
会員

Printed in Japan

<JCOPY> <出版者著作権管理機構委託出版物>
本書の無断複製は著作権法上での例外を除き禁じられています．複製される場合は，そのつど事前に，出版者著作権管理機構（TEL：03-5244-5088，FAX：03-5244-5089，e-mail：info@jcopy.or.jp）の許諾を得てください．

付　　表

付表I　SI[a)] 基本単位

物理量	単位の名称	記号	定　義
長さ	メートル	m	光が真空中を1秒間に進む距離の 1/299792458
質量	キログラム	kg	国際キログラム原器の質量[b)]
時間	秒	s	^{133}Cs 原子の最低励起状態から基底状態へ電子が移行するとき放出される電磁波の周期の 9192631770 倍
電流	アンペア	A	真空中に1m間隔で平行に張られた，断面が円形の無限に細い2本の直線状導線に同じ大きさの電流を流すとき，導線1m あたりに 2×10^{-7} N の力が働くときの電流の強さ
熱力学温度	ケルビン	K	絶対零度を 0K，水が気体，液体，固体の3つの状態で共存する温度を 273.15K とする
物質量	モル	mol	^{12}C 原子 0.012kg 中に含まれる ^{12}C 原子の数
光度	カンデラ	cd	振動数が 5.40×10^{14} Hz である単色光を放射している光源からの放射エネルギーが，光源を中心とする半径 1m の球面上の $1m^2$ あたり 1/683W になる方向における光源の明るさ

[a)] 国際単位系.　[b)] 国際キログラム原器は，Pt 90%, Ir 10% の合金でできており，高さと直径がほぼ 39mm の円柱形をしている.

付表II　SI 組立単位

物理量	単位の名称	記号	基本単位による表現
力	ニュートン	N	$m \cdot kg \cdot s^{-2}$
圧力	パスカル	Pa	$m^{-1} \cdot kg \cdot s^{-2}$ ($= N \cdot m^{-2}$)
エネルギー	ジュール	J	$m^2 \cdot kg \cdot s^{-2}$
仕事率	ワット	W	$m^2 \cdot kg \cdot s^{-3}$ ($= J \cdot s^{-1}$)
電荷	クーロン	C	$A \cdot s$
電位差	ボルト	V	$m^2 \cdot kg \cdot s^{-3} \cdot A^{-1}$ ($= J \cdot A^{-1} \cdot s^{-1}$)
周波数	ヘルツ	Hz	s^{-1}

付表III　SI 基本単位と併用が認められている単位

物理量	単位の名称	単位の定義
長さ	オングストローム	$1 Å = 10^{-10}$ m
体積	リットル	$1 l = 10^{-3} m^3 = 1 dm^3$
質量	トン	$1 t = 10^3 kg$
時間	分	$1 min = 60 s$
力	キログラム重	$1 kgw = 9.81 N$
圧力	気圧	$1 atm = 1.013 \times 10^5 Pa$
		$1 bar = 10^5 Pa$
	ミリメートル水銀柱	$1 mmHg = 1.333 \times 10^2 Pa$
熱力学温度	度	$x°C = (x + 273.15) K$
		$1 K = 1.98722 cal \cdot mol^{-1}$
		$= 8.31451 J \cdot mol^{-1}$
エネルギー	熱化学カロリー	$1 cal = 4.184 J$
	電子ボルト[a)]	$1 eV = 23.060 kcal \cdot mol^{-1}$
		$= 96.4853 kJ \cdot mol^{-1}$
	[b)]	$1 cm^{-1} = 2.85914 cal \cdot mol^{-1}$
		$= 11.96266 J \cdot mol^{-1}$

[a)] 真空中で，1個の電子を1Vの電位差で加速したときに電子が得るエネルギー.
[b)] 光波の振動数.